FACHWISSEN FEUERWEHR

Horst

TAKTISCHE ZEICHEN IM BEVÖLKERUNGS-SCHUTZ

2. Auflage 2025

ecomed
SICHERHEIT

Bibliografische Informationen der deutschen Nationalbibliothek
Die Deutsche Nationalbibliothek verzeichnet diese Publikation in der Deutschen Nationalbibliografie; detaillierte bibliografische Daten sind im Internet über http://www.dnb.de abrufbar.

Bei der Herstellung des Werkes haben wir uns zukunftsbewusst für umweltverträgliche und wiederverwertbare Materialien entschieden. Der Inhalt ist auf chlorfrei gebleichtes Papier gedruckt.

Aus Gründen der besseren Lesbarkeit wird in diesem Werk die Sprachform des generischen Maskulinums angewendet. Es wird darauf hingewiesen, dass die ausschließliche Verwendung der männlichen Form geschlechtsunabhängig zu sehen ist.

ISBN 978-3-609-69242-5

E-Mail: kundenservice@ecomed-storck.de

Telefon: 089/2183-7922
Telefax: 089/2183-7620

2. Auflage 2025

Nachweis der Titelbilder:
Bernhard Horst

Satz: Fotosatz Pfeifer, 82110 Germering
Druck: CPI books GmbH, 25917 Leck

Information zur Produktsicherheit:
https://www.ecomed-storck.de/gpsr

Vorwort

Die Anforderungen an die Angehörigen der Feuerwehren haben sich im Laufe der letzten Jahre erheblich verändert. Genügten früher die Kenntnisse der normalen Brandbekämpfung, müssen heute selbst kleinere Feuerwehren die unterschiedlichsten Notlagen meistern können, um in Not geratene Menschen oder Tiere zu retten, Sachwerte zu erhalten und die Umwelt vor Schaden zu bewahren.

Dies ist jedoch nur möglich, wenn für alle Feuerwehrangehörigen eine umfassende und wirksame Aus- und Weiterbildung durchgeführt wird. Diese Forderung steht jedoch dem Problem gegenüber, dass diese Aus- und Weiterbildung von den meist freiwillig tätigen Angehörigen der Feuerwehren zusätzlich zu den immer weiter steigenden Anforderungen in deren Berufsleben und den vielfältigen Verpflichtungen im privaten oder familiären Bereich geleistet werden muss.

Letztlich liegt es an jedem Feuerwehrangehörigen selbst, ob und in welchem Umfang er bereit ist, sich durch eine regelmäßige und aktive Teilnahme an der angebotenen Aus- und Weiterbildung den gesteigerten Anforderungen der Feuerwehr zu stellen.

Das Ziel der Broschürenreihe „Fachwissen Feuerwehr“ besteht darin, die Feuerwehrangehörigen mit dem Wissen auszustatten, das in der heutigen Zeit erforderlich ist, um aufgabengerecht und wirkungsvoll tätig zu werden. Sie wird vorrangig für die Feuerwehrangehörigen herausgegeben, die erstmals in das Thema Feuerwehr „einsteigen“, und für diejenigen, die sich ein solides Basiswissen aneignen möchten.

Die Texte und Abbildungen sind in leicht verständlicher Weise dargestellt, Hinweise und Merksätze filtern die für die Praxis wichtigen Informationen heraus. Die Funktionsbezeichnungen und personenbezogenen Begriffe gelten sowohl für weibliche, männliche oder diverse Feuerwehrangehörige.

Vorwort zur Neuauflage

Taktische Zeichen werden seit Jahren im Bereich der Lagedarstellung eingesetzt. Das Buch soll daher allen Lesern eine Hilfe sein, die sich mit dem Thema „Taktische Zeichen“ vertraut machen wollen, ihr Wissen auffrischen möchten oder es in einer Lage als kleines Nachschlagewerk nutzen. Es soll Orientierung geben an den Stellen, an denen verbindliche Vorgaben fehlen oder aus den bisherigen Empfehlungen nicht klar ersichtlich wird, wie die praktische Umsetzung genau erfolgen soll.

Die Ausführungen sollen auch dazu beitragen, dass taktische Zeichen gedanklich nicht nur mit Stabsarbeit und größeren Schadenslagen in Verbindung gebracht werden. Das Buch soll dazu anregen, taktische Zeichen in allen Führungsstufen zu verwenden. Zum einen, da sie auch bei diesen Einsätzen hilfreich sind, zum anderen aber auch, weil der Gebrauch trainiert wird, um sie in größeren Lagen sicher anzuwenden.

Das Buch richtet sich daher an alle Einsatzkräfte der nichtpolizeilichen Gefahrenabwehr und nicht nur an die S-Funktionen in einem Stab. Auch Kräfte zur Führungsunterstützung wie Melder, Fernmelder etc., welche oft keine vollständige Führungsausbildung haben, können sich mit Hilfe dieses Buchs mit dem Thema vertraut machen und praktischen Nutzen daraus ziehen.

Die Einsätze seit der ersten Auflage haben den Bedarf für eine Lagedarstellung mittels taktischer Zeichen in vielfältiger Weise sichtbar werden lassen. Noch unter den Eindrücken der Hochwasserlage 2021 wurde das BBK 2022 damit beauftragt, mit einer Arbeitsgruppe die Empfehlungen aus dem Jahr 2010 zu überarbeiten und an die aktuellen Bedürfnisse anzupassen. Mit Beschluss des AK V in der 55. Sitzung wurden die Ergebnisse der Arbeitsgruppe zur Einführung empfohlen und sollten als Basis für eine zu erarbeitende DV 102 dienen.

In seiner 57. Sitzung am 13./14.03.25 in Berlin hat der Ausschuss für Feuerwehrangelegenheiten, Katastrophenschutz und Zivile Verteidigung des Arbeitskreises V der IMK (AFKzV) dann den Beschluss seiner 55. Sitzung vom 11./12.03.24 in Ulm zur vorläufigen Anwendung der Empfehlungen für taktische Zeichen im Bevölkerungsschutz aufgehoben.

Unabhängig davon, ob die bereits veröffentlichten Empfehlungen 2025 später genauso eingeführt werden oder ggfs. noch Änderungen erhalten, gibt es den täglichen Bedarf. Die Grundsystematik von taktischen Zeichen wird auch in Zukunft Bestand haben, sodass dieses Buch einen guten Einblick gibt, wie man taktische Zeichen nutzt.

Um den Grundgedanken einer gemeinsamen Sprache zu betonen, wurde der Titel in der Neuauflage auch in „Taktische Zeichen im Bevölkerungsschutz“ geändert.

Kerpen, November 2025 Dr. Bernhard Horst

Inhalt

Präambel

Alle dargestellten Lagen sowie Fahrzeuge sind fiktiv und teilweise frei erfunden. Die Darstellungen dienen nur der Erklärung und sind keinen Reallagen entnommen. Auch enthalten einige Zeichen Ungenauigkeiten oder sind nicht immer vollständig. Dies dient dazu, das jeweils wesentliche Element oder Merkmal darzustellen. Rote Rahmen in den Tabellen kennzeichnen die neuen Zeichen, welche mit den Empfehlungen 2025 eingeführt oder geändert wurden.

1 Einleitung

1.1 Ein kurzer geschichtlicher Ausflug

Am 1. Dezember 1917 hat der Chef des Kriegsvermessungswesens die Schrift „Taktische Zeichen“ herausgegeben [1]. Hier konnte man schon die Grundzüge von Darstellungen in späteren Dienstvorschriften erkennen.

Im Jahre 1928 ist dann die erste Ausgabe der Heeres DV 272 „Muster für taktische Truppenzeichen“ von der Heeresausbildungsabteilung des Reichswehrministeriums herausgegeben worden. Taktische Zeichen werden also seit mehreren Jahrzehnten verwendet [2,3]. Die aktuellen taktischen Zeichen orientieren sich stark an den militärischen Vorgaben. Teilweise wurden die Zeichen selbst, teilweise nur die Systematik übernommen.

Auch in der DDR wurden taktische Zeichen genutzt. Diese unterschieden sich aber stark von den westdeutschen Zeichen, wie in Tabelle 1 ersichtlich [4].

Tabelle 1: Zeichen aus der DDR

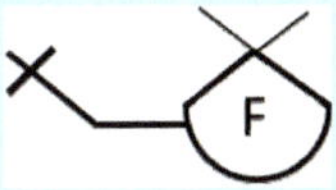		
Feuerwehrhubschrauber	**Tanklöschfahrzeug 16**	**Feuerlöschboot 32**

Bis zum 9. Februar 1995 regelte die Polizeidienstvorschrift PDV 102/DV 102 für den Bereich der BOS den Aufbau der taktischen Zeichen. Im Rahmen der Neukonzeption des Zivil- und Katastrophenschutzes kam es dann zum Zerfall bundeseinheitlicher Strukturen, und damit zu mehreren Regelungslücken, die seit Jahren fortbestehen.

1.2 Formales und Vorschriften rund um taktische Zeichen

Mit dem Entwurf der DV 102, durch die ständige Konferenz für Katastrophenvorsorge und Bevölkerungsschutz (SKK) im Jahre 1999/2003, wurde auf der Grundlage der PDV/DV 102 eine einheitliche Vorlage für alle BOS-Einheiten zur Verfügung gestellt. Einige Zivilschutz- bzw. Katastrophenschutzorganisationen haben den Entwurf als organisationsinterne Vorschrift übernommen. Bei der Feuerwehr wurde die Vorschrift bisher nur als „Lehrunterlage" bzw. „Ausbildungs- und Gebrauchsanleitung" herausgegeben bzw. genutzt. Zum Ende des Jahres 2010 ist dann eine Überarbeitung der Empfehlungen zur Dienstvorschrift 102 herausgegeben worden, die auf die Anforderungen des Digitalfunks und die Möglichkeit der elektronischen Darstellung von Lagekarten einging. Aber auch diese Version wurde nicht von allen BOS verbindlich eingeführt. Nach Auflösung der SKK im Januar 2011 kam es dann zu keiner Überarbeitung bzw. Weiterführung. Die Arbeit sollte in anderen Gremien fortgeführt werden.

Für die Feuerwehr gibt es im Zusammenhang mit taktischen Zeichen nur die FwDV 100, welche verbindliche Ausführungen enthält. In der Anlage 6 zur FwDV 100 wurden einige wenige taktische Zeichen rechtlich verbindlich eingeführt. Leider enthält die Anlage jedoch nur sehr rudimentäre Angaben, die eine sachlich und fachlich richtige Lagekartenführung erschweren. In einigen Punkten widersprechen sich die Angaben in der FwDV 100 und die Empfehlungen der SKK. Erschwerend kommt hinzu, dass einige dort eingeführte taktische Zeichen unterschiedliche bzw. nicht klar abgegrenzte Bedeutungen haben.

Während in den Empfehlungen zur DV 102 verschiedene Organisationsfarben vorgeschlagen werden, nutzt die Polizei die Farbe Rot z.B. für Störer, Gefahren und Schäden. Der eigentliche Grundgedanke, nämlich eine gemeinsame „Sprache" zur Lagedarstellung, wird damit konterkariert. Dieser Umstand ist seit Jahren erkannt [1,2,3] findet jedoch nicht die nötige Mehrheit für eine einheitliche Lösung. Im Jahr 2025 wurden dann aktuelle Empfehlungen herausgegeben, mit dem Ziel, diese als DV 102 einzuführen [14,15]. Diese wurden, wie im Vorwort schon angesprochen, jedoch kurze Zeit nach der Veröffentlichung wieder zurückgezogen, da man weiteren Überarbeitungsbedarf sah [16]. Auch in anderen Arbeitsgruppen hat man sich Gedanken gemacht, wie man taktische Zeichen sinnvoll ergänzt und die Systematik logisch aufbaut, um diese auch in elektronischen Lagedarstellungssystemen besser nutzen zu können. Da sowohl die alten als auch die aktuell veröffentlichten Empfehlungen die Möglichkeit bieten, eigene Zeichen zu kreieren, können diese erarbeiteten Zeichen also genutzt werden, da sie sich in die Logik des Baukastensystems einfügen. Diese Symboliken sind im Buch blau umrandet.

An dieser Stelle sei nochmal darauf hingewiesen, dass eine wesentliche Grundidee der taktischen Zeichen ist, in allen Führungsstufen eingesetzt zu werden und auch bei allen Lagen, für alle Fachdienste. Ein Zeichen, welches für die eine Einsatzkraft zu detailliert und unnötig erscheint, ist für eine andere Einsatzkraft hilfreich und zielführend.

Jedes taktische Zeichen ist gut und sinnvoll, wenn es dem Betrachter hilft, richtige Entscheidungen zu treffen.

Schwierigkeiten in der Praxis sind vor allem unklare Bedeutungen von einzelnen Zeichen. Was genau ist z.B. eine Befehlsstelle und was ist eine Einrichtung der Führung? Die festgelegten Farben helfen zwar in vielen Fällen, wie wir später noch zeigen werden, bringen aber auch Probleme bei den immer mehr zunehmenden „gemischten“ Einheiten. Welche Farbe bekommt eine Einheit, die aus Feuerwehr, Rettungsdienst und THW besteht? In allen Empfehlungen der letzten Jahre wurden die Vorgaben bzw. Leitlinien, welche in den Beispielen beschrieben wurden, nicht konsequent angewendet. Dies erschwert das Verständnis und das logische Herleiten eines taktischen Zeichens.

Aktuell gibt es also keine einheitliche organisationsübergreifende Festlegung, wie taktische Zeichen verwendet werden sollen. Unabhängig davon, ob es eine geeignete Rechtsgrundlage gibt, werden taktische Zeichen in der Praxis jedoch verwendet und auch benötigt. Die folgenden Ausführungen zu taktischen Zeichen sind daher, aufgrund einer fehlenden und geeigneten übergreifenden Regelung, an der Praxis ausgerichtet und berücksichtigen dabei die oben erwähnten Empfehlungen, wo es möglich und sinnvoll ist. In der Praxis findet man durch diese Regelungslücken unterschiedliche Formen und Ausprägungen von taktischen Zeichen. Die Freiheit durch fehlende Regelung bietet wie immer den Vorteil, dass man „sein“ taktisches Zeichen kreieren kann. Der Nachteil ist jedoch auch, dass einige Zeichen dann doch der Erläuterung bedürfen und dem Grundgedanken des gemeinsamen und eindeutigen Verständnisses zuwiderlaufen. Dies erschwert an einigen Stellen die logische Herleitung der Zeichen und damit die Ausbildung. Taktische Zeichen sollen und können nicht auswendig gelernt werden, da es keinen abgeschlossenen Katalog gibt. Wenn das System des Aufbaus verstanden ist, kann die Bedeutung des Zeichens hergeleitet werden.

An einigen Stellen wurden daher Erläuterungen eingefügt, wenn von den Empfehlungen abgewichen wird oder diese praxisgerecht ergänzt wurden.

1.3 Lagedarstellung mit taktischen Zeichen

Im folgenden Abschnitt erläutern wir, welchen Sinn und Zweck taktische Zeichen haben und den Zusammenhang mit dem Thema Lagedarstellung.

Taktische Zeichen sind, von den eingangs geschilderten Problemen abgesehen, eine „gemeinsame Sprache“ und dienen als Werkzeug für eine einheitliche, übersichtliche und strukturierte Lagedarstellung. Die Lagedarstellung ist vor allem in größeren Schadenslagen ein wichtiges Mittel, um Informationen darzustellen und weiterzugeben.

Im Sinne einer gemeinsamen Sprache ist es notwendig, sich organisations- und bundeslandübergreifend auf ein System von Zeichen mit entsprechenden Bedeutungen zu einigen, um sich verständigen zu können.

Taktische Zeichen sind Symbole auf Karten, Plänen, Übersichten, Skizzen usw. zur Darstellung von:

- Behörden, Organisationen, Dienststellen, sonst. Gefahrenabwehrkräften
- Führungseinrichtungen
- Fahrzeugen und Einheiten mit den Fachaufgaben
- Personen, Einsatzkräften, Tieren
- Anlässen, Ereignissen, Gefahren, Schäden
- Einsatzräumen und Richtungen
- Objekten, Anlagen, Einrichtungen
- Einsatzmaßnahmen

- Führungs- und Einsatzmitteln
- Wetter

Der Einsatz von taktischen Zeichen erfolgt jedoch nicht nur im Rahmen von Schadenslagen und Lagekarten. Taktische Zeichen können auch im Rahmen von STAN und Einsatzkonzepten zur Anwendung kommen. Auch hier bieten sie den Vorteil einer einheitlichen Darstellung, welche schnell erfasst werden kann. In einigen Fällen findet man sie auch bei verschiedenen BOS auf den Fahrzeugen, wie in Tabelle 2 dargestellt.

Tabelle 2: Fahrzeuge mit taktischen Zeichen
(Quelle: Victoria Panknin (links), Kerstin Altenseuer (rechts))

Geländegängiges Löschfahrzeug	**Fachgruppe N vom THW**	**ELW 1 mit Straßenantrieb**

1.3.1 Zweck von Lagedarstellungen

Die Lagedarstellung ist kein Selbstzweck, sondern dient dazu, einen Überblick über die jeweilige Schadenslage zu bekommen, um notwendige Entscheidungen optimal treffen zu können.

Diesen Satz sollten Sie sich einprägen. Das Ziel ist immer, die Lage zu bewältigen, und nicht, sich zeichnerisch zu verwirklichen. Man kann vieles darstellen, muss es aber nicht. Nicht alles, was sich zeichnerisch darstellen lässt, ist relevant für die Lage. Legen Sie daher die Priorität immer auf den Gedanken „Die Lagedarstellung hilft bei der Entscheidungsfindung."

Mit Hilfe der Lagedarstellung erfolgt eine Visualisierung der Schadenslage, um diese in **den wesentlichen Elementen schnell** erfassen zu können. Einen Überblick zu bekommen, beinhaltet dabei

- das Ausmaß der Schäden und deren Klassifizierung (Art der Gefahr und Intensität),
- die Priorisierung der Gefahren,
- die eingesetzten Kräfte und Mittel,
- die getroffenen und die geplanten Maßnahmen und
- das Wetter[1] (Windstärke und -richtung, Boden- und Lufttemperatur, Bewölkung) zu kennen.

Auch bei der Einweisung unterstellter und nachrückender Kräfte kann eine Lagedarstellung hilfreich sein. Die Einweisung in die Lage beinhaltet dabei

- die Benennung der aktuellen Gefahren und des Einsatzschwerpunktes,
- eine Einweisung in die Führungsorganisation mit Hilfe taktischer Zeichen,
- eine räumliche Orientierung geben,
- getroffene Maßnahmen und
- beabsichtigte Maßnahmen darzustellen.

Die Lagedarstellung erfolgt auf allen Führungsebenen und in allen Führungsstufen. Der Detaillierungsgrad ist jedoch immer ein anderer.

[1] Das Wetter ist nicht immer relevant für die Darstellung. In den meisten Fällen nimmt der Einsatzleiter das Wetter mit seinen Sinnen bei der Erkundung ausreichend wahr. Bei ABC-Lagen sind Angaben zum Wind und zur Bewölkung wichtig. Die Bodentemperatur erlaubt die Beurteilung der Glättegefahr. Ähnlich verhält es sich mit der Uhrzeit. Auch diese ist oft nicht relevant. Für die Trendanalyse bei einer Hochwasserlage ist sie aber wichtig.

Während in der Führungsstufe B die Position der einzelnen Fahrzeuge wichtig sein kann, geht es in der Führungsstufe D um ganze taktische Einheiten ab Zugstärke aufwärts.

Für die räumliche Orientierung eignet sich das ABCD-Schema. Dabei wird die Seite eines Gebäudes, an der die Einsatzleitung positioniert ist, in der Regel der ELW, mit A oder Alpha bezeichnet. Im Uhrzeigersinn erfolgt dann die Benennung der Seiten. Ändert sich im Verlauf des Einsatzes die Position der Einsatzleitung durch nachrückende Kräfte, bleibt die Benennung bestehen. Diese Systematik ist vor allem bei großen und unübersichtlichen Gebäuden hilfreich. Die Ansichten der Ecken werden dann wie in Abbildung 1 dargestellt, als Ansicht AB, BC usw. benannt.

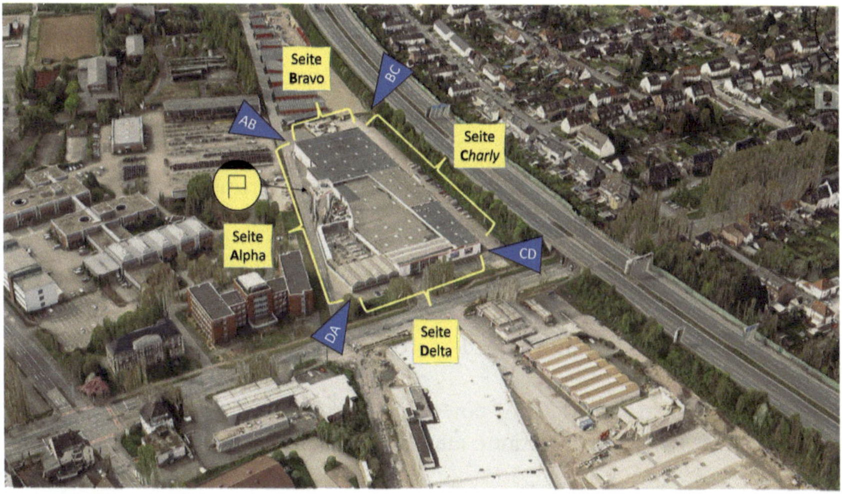

Abbildung 1: Benennung der Seiten eines Objekts nach dem ABCD-Schema

Alle Maßnahmen und Tätigkeiten dienen immer dem übergeordneten Ziel, optimale Entscheidungen zu treffen, um die Schadenslage zu bewältigen.

Um dieses Ziel, optimale Entscheidungen, erreichen zu können, gibt es zwei wichtige Themen, mit denen sich jede Führungskraft auseinandersetzen muss. Dies sind ein **gemeinsames mentales Modell und Situationsbewusstsein.** Beides erläutern wir hier kurz, um darzustellen, welchen Beitrag taktische Zeichen leisten, wo und warum sie hilfreich sind, aber auch wo die Grenzen liegen.

1.3.2 Situationsbewusstsein

Um im Einsatz richtig entscheiden zu können, ist Situationsbewusstsein notwendig. Das Situationsbewusstsein wird erheblich durch die Lagedarstellung beeinflusst. Daher ist es wichtig, sich im Zusammenhang mit Lagedarstellung mit dieser Thematik zu beschäftigen, da eine gute Lagedarstellung zu einem guten Situationsbewusstsein beiträgt.

„Situationsbewusstsein ist das, was man benötigt, um nicht überrascht zu werden!“

In der Gefahrenabwehr gibt es dafür die Formulierung „... vor die Lage kommen.“

Der Begriff des Situationsbewusstseins oder im Original *„Situation Awareness“* wird ausführlich im Buch „Lagefeststellung und Lagedarstellung“, auch erschienen im Verlag ecomed-Storck, erläutert.

Ein weiteres wichtiges Element eines guten Situationsbewusstseins, auf das wir eingehen, ist das **gemeinsame mentale Modell.**

Ein gemeinsames mentales Modell bedeutet, dass alle Mitglieder des Teams eine gemeinsame Vorstellung haben, gemeinsame Ziele und damit sozusagen „das gleiche Bild“ vor Augen haben. Je mehr Personen an einem Problem arbeiten, desto wichtiger ist das gemeinsame Verständnis für das Problem. Die Entwicklung eines gemeinsamen mentalen Modells erfolgt über Kommunikation, sei es verbal durch Sprache oder mit Hilfe der Lagekarte und der taktischen Zeichen.

Zusammenfassend können wir also folgenden Zusammenhang festhalten: Um die Schadenslage zu bewältigen, müssen optimale Entscheidungen getroffen werden. Um optimale Entscheidungen zu treffen, muss jede Einsatzkraft ein richtiges Situationsbewusstsein haben. Die richtige Darstellung der Lage hilft dabei, dieses Situationsbewusstsein zu schaffen. Die taktischen Zeichen helfen bei der Lagedarstellung und tragen damit in der Folge auch zum Einsatzerfolg bei, da alle ein gemeinsames Verständnis haben, was gerade wichtig ist und wer was macht.

1.3.3 Elemente der Darstellung

Nach der Erläuterung dieser Hintergrundinformationen wenden wir uns jetzt wieder dem praktischen Gebrauch zu.

Jede Lagedarstellung besteht in der Regel aus den folgenden Elementen:

- Aktuelle Lage/Schadenslage
  - Ereignisse wie z.B.
    - Deichbruch, Explosion, Brandereignis, Unfall
  - Schäden
    - Mensch (Verletzte, Tote, Vermisste etc.)
    - Material (Fahrzeuge, Gebäude)
    - Umwelt (Flüsse, Flächen, Gebiete)
- Gefahren und Gefahrenbereiche
  - Explosionsbereich, Atemgifte, Ausbreitung
- Eingesetzte Kräfte und Mittel
  - Mannschaft
  - Fahrzeuge
- Wetter
  - Windrichtung und Stärke
  - Temperaturen
  - Niederschlag
  - Bewölkung
- Führungsorganisation
  - Einsatzabschnitte und -schwerpunkte

  - Plätze für Reserven/Bereitstellung (Bereitstellungsräume und Sammelstellen)
- Maßnahmen
- Lageentwicklung
- Zeitlicher Verlauf
  - Trends
  - Zeitstrahl
  - Schadensentwicklung
  - Kräfte im Zulauf

Nicht in jeder Lage gibt es Informationen zu jedem dieser Punkte und nicht immer hat jeder Punkt eine Relevanz für die jeweilige Lage. Als Checkliste kann man sich jedoch an dieser Aufzählung orientieren, um alle wichtigen Informationen zu beachten. Die Darstellung folgt dem eigentlichen Gedankengang zur Entscheidung und soll eben genau diesen Entscheidungsprozess unterstützen.

- Was ist die Gefahrenlage bzw. das Problem?
- Welche Auswirkungen entstehen dadurch?
- Welche Mittel stehen zur Verfügung und wo sollen sie zum Einsatz kommen?
- Welche Maßnahmen folgen daraus und was sind die Ziele?

1.3.4 Taktische und technische Sicht im Vergleich

Das System der taktischen Zeichen erlaubt sowohl die technische als auch die taktische Darstellung. Die technische Sicht beschränkt sich in der Regel auf einzelne Fahrzeuge, also z.B. ein geländegängiges TLF. Es besteht aber auch die Möglichkeit, unter einer taktischen Formation, z.B. einem Löschzug, die Geländegängigkeit darzustellen. Wichtig ist dann nur, dass auch alle Fahrzeuge diese Fähigkeit besitzen und nicht nur ein einzelnes Fahrzeug im Zugverband. Gerade bei Waldbrand oder Hochwasserlagen kann dem technischen Einsatzwert bei der Beurteilung, welche Fahrzeuge wo eingesetzt werden, eine hohe Bedeutung zukommen. Zum besseren Verständnis erläutern wir hier kurz den Unterschied bei dem häufig falsch verwendeten Begriff „der technisch-taktische Einsatzwert“. Es handelt sich dabei um **zwei** Begriffe, die klar zu trennen sind.

Der **technische Einsatzwert** wird durch die Ausstattung des Fahrzeugs bestimmt und ist nicht abhängig vom Einsatzszenario. Sofern am Fahrzeug keine Veränderungen vorgenommen werden, ändert sich der technische Einsatzwert nicht. Er ergibt sich aus den Abmessungen, der Beladung, den mitgeführten Löschmitteln, der Pumpenleistung, der zulässigen Gesamtmasse usw. Der **taktische Einsatzwert** eines Fahrzeugs ergibt sich aus dem technischen Einsatzwert und der jeweiligen Schadenslage. So kann ein kleines, wendiges, geländegängiges TLF bei einem Waldbrand einen höheren taktischen Einsatzwert haben als ein GTLF mit 10.000 Litern Wasser. Das heißt, der **taktische Einsatzwert** eines Fahrzeugs oder Geräts ändert sich in Abhängigkeit vom Szenario.

Tabelle 3: Taktische und technische Darstellung im Vergleich

	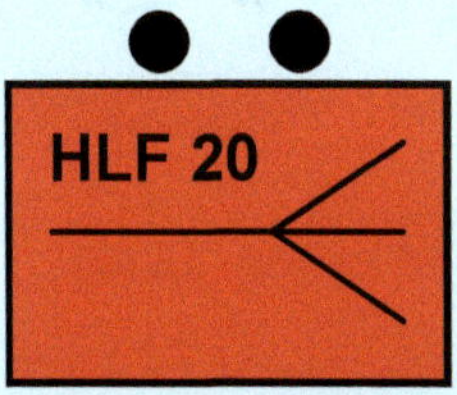
Technische Darstellung eines HLF als einzelnes Fahrzeug der Feuerwehr mit Straßenantrieb	**Darstellung der selben Gruppe als taktische Einheit**

1.3.5 Führungsorganisation

Die Darstellung der Führungsorganisation ist wichtig, um Schnittstellen zwischen den Bereichen zu erkennen und räumliche und sachliche Zuständigkeiten erkennen zu können. Häufig wird die Skizze zur Führungsorganisation auch kombiniert mit Erreichbarkeiten und gibt damit wichtige Hinweise für die Kommunikation.

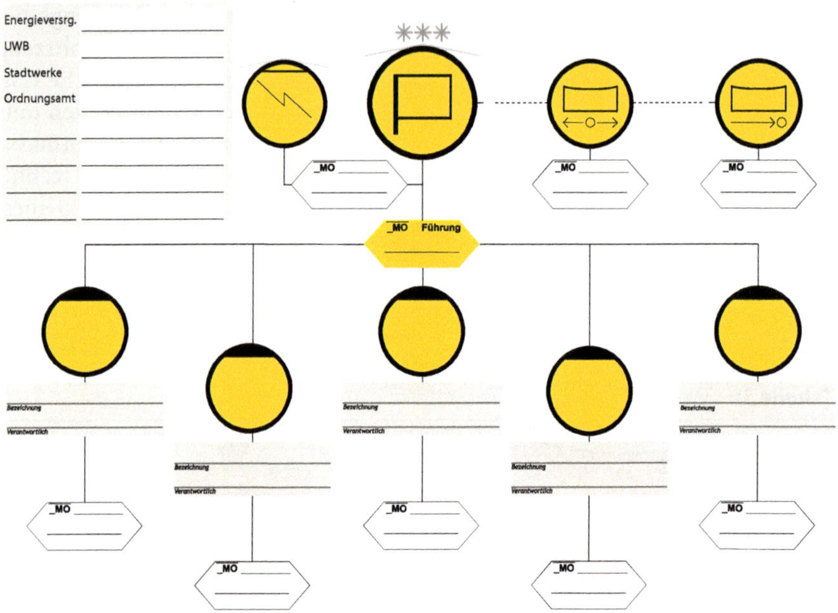

Abbildung 2: Darstellung einer Führungsorganisation

1.4 Selbstkontrolle und Testfragen

(Lösungen siehe Seite 132)

1. Wo liegt der Ursprung von taktischen Zeichen?
2. Auf Basis welcher Grundlagen werden taktische Zeichen eingesetzt?
3. Erläutern Sie den Unterschied zwischen technischem und taktischem Einsatzwert.
4. Was verbirgt sich hinter dem ABCD-Schema?

2 Aufbau und System der taktischen Zeichen

Das System der taktischen Zeichen ist ein offenes System, welches jedoch bestimmten Regeln folgt. Jedes taktische Zeichen setzt sich aus mehreren Komponenten zusammen und folgt einer vorgegebenen Systematik.

Die meisten taktischen Zeichen bestehen aus:

- Grundform (z.B. taktische Formation, Person oder Stelle)
- Zusatzzeichen (ortsfest, Fachberater, Führungskraft, taktische Stärke etc.),
- ergänzenden Angaben, wie z.B.
  - Angaben zur Verfügbarkeit (z.B. verfügbar oder nicht aktiv)
  - Zeitpunkte (z.B. Status 3 und 4)
  - Erreichbarkeit (z.B. Funkgruppe, Rufnummer)
- Farbliche Kennzeichnung mit der Organisationsfarbe (z.B. Rot für Feuerwehr)
- Kennzeichnung der Funktion oder Fachaufgabe (z.B. EAL oder Brandschutz)

Die Tabelle 4 gibt eine Übersicht über die wesentlichen Elemente. Durch die Kombination der Elemente entsteht das taktische Zeichen.

Tabelle 4: Übersicht der Elemente zur Kombination

Auswahl der Grundform z.B. Formation, Person	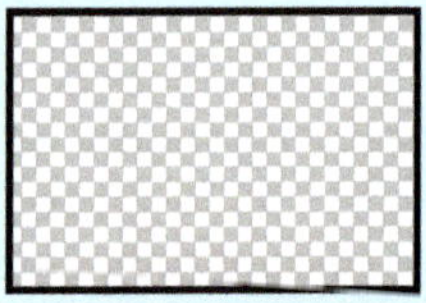	
Auswahl der Farbe oder textliche Kennzeichnung z.B. Rot für Feuerwehr		
Kennzeichnung der Verantwortung. Entweder Verantwortlich oder Führungsunterstützung, z.B. in Form eines Fachberaters	In diesem Fall keine Ergänzung	
Kennzeichnung der Logistikfunktion, ob Nachschub oder Versorgung	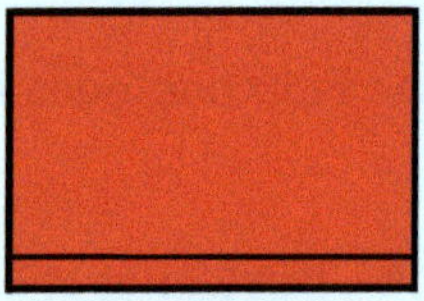	
Ergänzung der Fachaufgabe oder nähere Spezifizierung		
Bedeutung des fertigen Zeichens	Nachschubtrupp, der Feuerwehr, der für Warmverpflegung zuständig ist	Fachberater Logistik für den Bereich Verbrauchsgüter

Um weitere taktische Angaben zu machen, kann bei Bedarf das taktische Zeichen mit Zusatzangaben zu Stärke, Zeiten, Funkrufnamen ergänzt werden. Diese werden an bestimmten und immer gleichen Stellen um das Zeichen herum oder innerhalb des taktischen Zeichens angebracht.

Die Abmessungen des Zeichens variieren je nach Führungsstufe und dem typischen Betrachtungsabstand. Ein Zeichen (45 mm × 45 mm), welches am ELW 1 aus 1–2 m Entfernung betrachtet wird, ist schon aus Platzgründen kleiner in der Ausführung als ein Zeichen, welches an einer Lagewand im Stab zum Einsatz kommt. Hier ist eine typische Größe 90 mm × 90 mm.

Schauen wir uns im weiteren Verlauf jetzt die verschiedenen Elemente genauer an.

2.1 Grundzeichen

Die taktischen Zeichen wurden aus dem militärischen Bereich übernommen und in einigen Punkten an den Bedarf der zivilen Gefahrenabwehr angepasst. Um eine Lagekarte anzufertigen oder zu lesen, sollte der Anwender in der Bedeutung der Grundzeichen unterwiesen sein.

Im Kapitel 3.4 erläutern wir später noch die unterschiedlichen Ausprägungen von taktischen Zeichen. Eine häufige Ausprägung ist das vorgefertigte Zeichen. Ein vorgefertigtes taktisches Zeichen ist rechteckig und in der Regel dreigeteilt. Im oberen und unteren Bereich können Informationen eingetragen werden. In der Mitte findet sich das Grundzeichen, das mit ergänzenden Informationen versehen dargestellt werden kann.

Kennt man die Grundzeichen und kann diese einsetzen, lassen sich schon sehr viele Darstellungen fertigen und auch lesen.

Tabelle 5: Übersicht der Grundzeichen

Symbol und Bedeutung	**Anwendung**
 Blankozeichen	Vorbereitung eines taktischen Zeichens, um eine Grundform einzutragen. Ergänzt durch Symbole, Farben und Erläuterung bekommt das Blankozeichen seine Bedeutung.
 Gebäude	Visualisierung von Unterkünften, Krankenhäusern, Objekten etc. Also ein Bauwerk, welches ortsunveränderlich ist. Die im Zeichen angedeutete Transparenz, wie auch bei den folgenden, soll verdeutlichen, dass hier in der Praxis eine Farbe genutzt werden kann. Die Farbgebung entspricht später der Organisationsfarbe, wie im Abschnitt 2.1.1 erläutert.
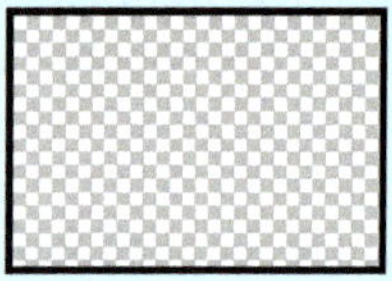 Taktische Formation	Zur Darstellung von Mannschaft und Gerät in Form einer taktischen Einheit. In Kombination mit einer Antriebsart dient es der Darstellung von Fahrzeugen. Hier transparent dargestellt. Die Farbgebung entspricht später der Organisationsfarbe, wie im Abschnitt 2.1.1 erläutert. Auch Dienststellen werden als Formation dargestellt.
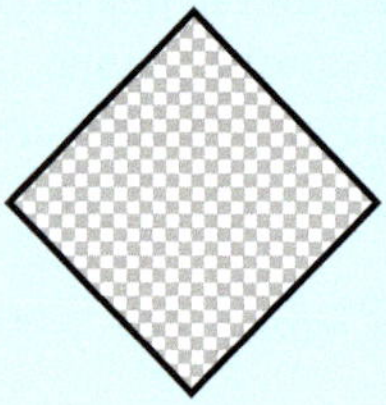 Person	Das Zeichen für eine Person ist eine Raute. Die Farbgebung entspricht später der Organisationsfarbe, wie im Abschnitt 2.1.1 erläutert.

Tabelle 5: Übersicht der Grundzeichen *(Forts.)*

Symbol und Bedeutung	Anwendung
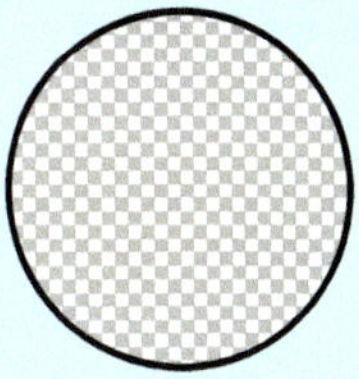 Stelle, Platz, Einrichtung	Kennzeichnung einer Funktionsstelle oder eines Platzes, um verschiedene Einrichtungen darzustellen.
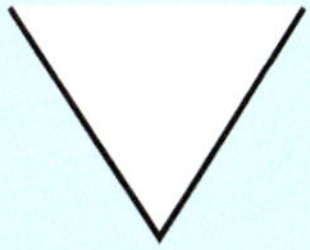 Anlass, Ereignis	Ein Ereignis hat bereits stattgefunden, wie z.B. eine Explosion, oder findet gerade statt, wie z.B. eine Demonstration.
 Markanter Punkt	In Abgrenzung zum Zeichen „Platz/Stelle" ist der markante Punkt hinzugekommen. Hierbei handelt es sich um die Kennzeichnung eines konkreten Punktes, wie zum Beispiel eines Ablaufpunktes oder eines Messpunktes. Die Spitze markiert dabei in der Regel den genauen Punkt auf der Karte. Auch dieses Symbol kann um Zusatzangaben ergänzt werden.
 Gefahr	Gefahren werden als Dreieck auf der Seite dargestellt. Dies war früher anders. Die Symbolik wurde angepasst, da Gefahrenzeichen im Alltag auch durch ein Dreieck symbolisiert werden. Gefahren können in Rot dargestellt werden, um sie prägnanter herauszustellen, müssen es aber nicht. Entscheidend für die Bedeutung ist die Symbolik.

Tabelle 5: Übersicht der Grundzeichen *(Forts.)*

Symbol und Bedeutung	**Anwendung**
 Maßnahmen	Maßnahmen werden ebenfalls durch ein Dreieck symbolisiert, welches auf der Spitze steht. **Hinweis:** Da sich die Maßnahmen „gegen" die Gefahren richten, ist es genau andersherum als die Gefahr.
 Gebiet, Fläche	Flächen werden als Freihandlinie gezeichnet, welche die betreffende Fläche umrandet, und dienen dazu, ein bestimmtes Gebiet abzugrenzen. Typische Beispiele sind Räume, wie sie in Abbildung 5 gezeichnet sind. Auch bei der Kennzeichnung von Flächen werden Zusatzangaben gemacht.
 Spontanhelfer	Neu hinzugekommen ist das Symbol für Spontanhelfer, angelehnt an die NATO-Symbolik neutraler Beteiligter. Es ist nicht gleichzusetzen mit zivilen Personen.
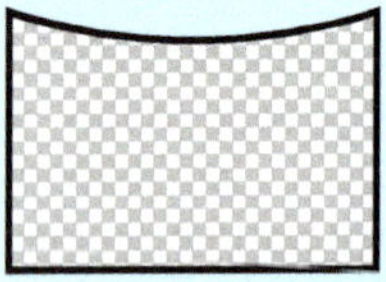 Landfahrzeug	Das Symbol für ein Landfahrzeug dient der Darstellung eines einzelnen Fahrzeuges und wird ergänzt um die Antriebsart. Ganz korrekt handelt es sich in der Darstellung links um ein ungepanzertes Fahrzeug.
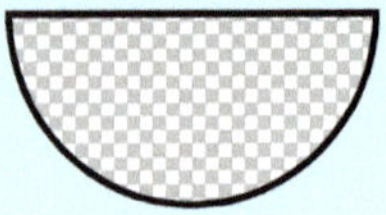 Boot	Ein Wasserfahrzeug lässt sich durch die typische Bootsform am leichtesten erkennen. Auch dieses Symbol wird durch Zusatzangaben ergänzt.

Tabelle 5: Übersicht der Grundzeichen *(Forts.)*

Symbol und Bedeutung	Anwendung
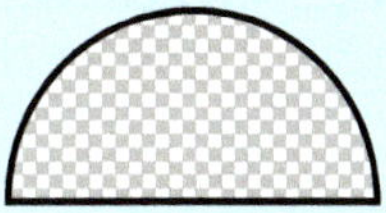 Luftfahrzeug	Im Sinne einer durchgängigen Systematik muss es dann auch ein Symbol für Luftfahrzeuge geben. Diese werden durch das Symbol links dargestellt.
 Behälter, Ressource	Zur Darstellung von Ressourcen und Geräten dient dieses Zeichen. Wir kommen im Abschnitt 2.6.5 noch zu konkreten Anwendungen.

Als Nächstes gehen wir darauf ein, wann man die Zeichen einsetzt.

Gebäude werden benötigt, um darzustellen, wo Menschen und Geräte untergebracht sind. Das taktische Zeichen hierfür ist selbsterklärend. Ein Kasten mit einem Dach obendrauf. Das Dach steht für ortsfest und kann auch in anderen Kontexten genutzt werden, um den ortsfesten Charakter z.B. einer Stelle zu beschreiben. Das Zeichen „ortsfest“ war in früheren Empfehlungen bei den Grundzeichen aufgeführt. Es wird jedoch nicht selbständig eingesetzt, sondern in Kombination mit einem anderen Grundzeichen wie Formation oder Stelle. Es dient dazu, darzustellen, dass das jeweilige Objekt an einen festen Platz gebunden ist. Bei der Verwendung dieses Zeichens ergibt sich manchmal die Schwierigkeit der Abgrenzung zwischen einer ortsfesten Stelle (Kreis mit Dach) und einem Gebäude, welches ja auch ortsfest ist.

Die Darstellung von ortsfesten Einrichtungen in Gebäuden sollte daher immer auch als Darstellung in einem Gebäude erfolgen, da dies einen taktischen Unterschied zu ortsfesten Plätzen darstellt. Wenn es sich um ortsfeste Stellen oder Plätze handelt, wird das Zeichen (Kreis) um das Dach ergänzt. Typische Beispiele für solche ortsfesten Stellen sehen wir in Tabelle 6. Zur Erklärung der Farben kommen wir noch im weiteren Verlauf.

Bei den Plätzen/Stellen handelt es sich häufig um im Einsatz, also ad hoc, angelegte bzw. eingerichtete Stellen, die nach dem Einsatz wieder aufgelöst werden. Ein Bereitstellungsraum ist nicht ortsfest, weil der Parkplatz ortsfest ist. Der Bereitstellungsraum, als taktische Stelle, kann verlegt werden. Gleiches gilt auch für einen temporären Hubschrauberlandeplatz. Anders sieht es aus bei einem festen PIS[1] an einem Krankenhaus.

Tabelle 6: Ortsfeste Stellen

Bedeutung	Ortsfest		Ad hoc	
Hubschrauber-landeplatz	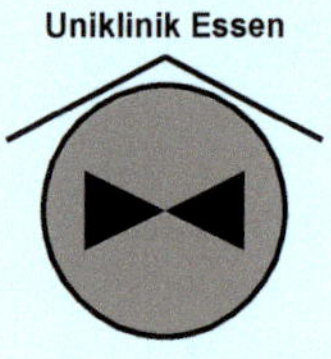	Stelle mit Dach, PIS* am Krankenhaus * Public Interest Site		Landeplatz für Hubschrauber, welcher der EL unterstellt ist

Bei der Formation wird es schon ein wenig schwieriger. Eine Formation ist ein Sammelbegriff und kann z.B. eine taktische Einheit, eine Gruppe, ein Zug oder ein Verband etc. sein. Eine Formation wird als Rechteck dargestellt und ist flexibel erweiterbar.

Eine Einheit muss befehligt werden. Hierfür nutzt man das taktische Zeichen „Befehlsstelle“, wie in Tabelle 7 in unterschiedlichen Ausprägungen dargestellt. Will man darstellen, dass die Befehlsstelle beispielsweise eine komplette TEL ist, kann dies auch mit dem Zeichen der Formation erfolgen. In den bisherigen Empfehlungen war die Befehlsstelle gekennzeichnet durch einen Flaggenstock. Dieser wurde in den aktuellen Empfehlungen weggelassen. Vorteil des Flaggenstockes war es jedoch, den Sitz der Einsatzleitung klar zu kennzeichnen. Vor allem in der monochromen Darstellung oder bei mehreren Führungsstellen auf einer Karte ist das von Vorteil. Da es für die Tätigkeit „Führung“ kein eigenes Zeichen gab, macht es Sinn, den Flaggenstock dafür zu nutzen. Die in der Praxis häufig vorkommende Kombination aus ELW und Verteiler ist falsch, da die

[1] Public Interest Site (PIS) ist eine Landestelle im öffentlichen Interesse nach Luftverkehrsordnung definiert und z.B. ein Hubschrauberlandepatz an Krankenhäusern.

Fachtätigkeit eines ELW nicht die Brandbekämpfung ist. Die Fahne mit dem Flaggenstock dient daher auch als Zeichen für Führungstätigkeit.

Tabelle 7: Befehlsstellen

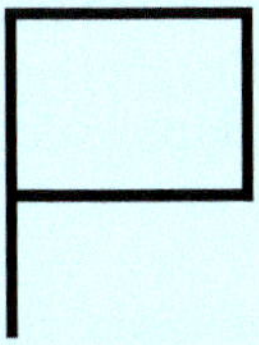	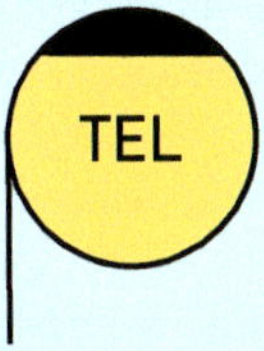
Bisheriges Zeichen für eine Befehlsstelle in monochrom	**Eine Befehlsstelle kann mit Symbolik oder mit einer textlichen Abkürzung spezifiziert werden**
	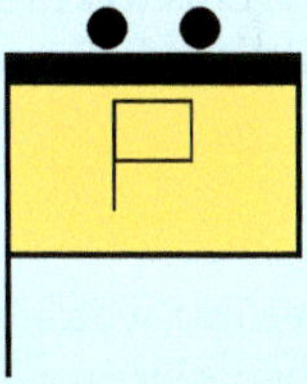
Darstellung einer Führungsgruppe	**Führungsgruppe, welche die Einsatzleitung hat**
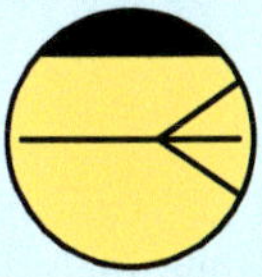	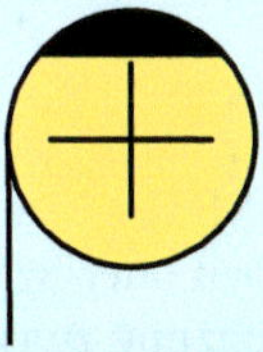
Einsatzabschnittsleitung Brandbekämpfung	**Einsatzleitung Sanitätsdienst z.B. auf einem Festival**

Eine Befehlsstelle[1] kennzeichnet den Platz der Einsatzleitung oder einer Abschnittsleitung. Es wird verwendet für verschiedene Stellen mit Weisungsbe-

[1] Eine Befehlsstelle ist entweder ortsfest oder beweglich. In der FwDV 100 wird sie definiert mit „Die Befehlsstelle ist der Sitz der Einsatzleitung. Soweit die Festlegung von Einsatzabschnitten erforderlich ist, können für diese weitere, nachgeordnete Befehlsstellen eingerichtet werden.“ Sie wird vom Einsatzleiter zur Leitung der Einsatzkräfte eingerichtet.

fugnis gegenüber den unterstellten Kräften. Häufig wird es verwendet für die Darstellung von Einsatzleitungen oder Einsatzabschnittsleitungen. Das Zeichen für bewegliche Befehlsstellen, welches im militärischen Bereich Anwendung findet, wurde schon aus den alten Empfehlungen gestrichen. Unverständlicherweise, da gerade bei den BOS die bewegliche Befehlsstelle, in der Regel der ELW, den Regelfall darstellt. In der Praxis führt dies nicht zu Problemen, da jeder Führungskraft bewusst ist, dass die nichtpolizeiliche Gefahrenabwehr in der Erstphase immer von vorne, also z.B. aus dem ELW führt.

Da eine Formation Mannschaft und Gerät darstellt, müssen die Personen auch separat dargestellt werden können, analog den verschiedenen Fahrzeugen (Boden-, Luft-, Wasserfahrzeuge). Daher gehört die Raute zu den Grundformen, die eine Einsatzkraft kennen sollte. Eine Person wird also mit der Raute dargestellt, ein Fahrzeug mit dem Symbol Landfahrzeug. Zusammen bilden sie dann die Formation. Man sieht hier, dass es genau darauf ankommt, was man darstellen möchte.

Einheiten, die geführt werden, befinden sich an einer Stelle oder einem Platz. Das Grundzeichen hierfür ist der Kreis. Das Zeichen für eine Stelle oder einen Platz wird beispielsweise verwendet zur Darstellung von Sammelplätzen, Bereitstellungsräumen, Patientenablagen oder, wie eben aufgeführt, Führungsstellen.

Das Zeichen für Anlass oder Ereignis ist ein oben offenes Dreieck, was der Grundform für Maßnahme sehr ähnlich ist. Es wird in Kombination mit textlichen Angaben oder Symbolen verwendet. Oft besteht auch die Schwierigkeit der Abgrenzung zwischen Gefahr und Ereignis. Ein eingestürztes Gebäude ist ein Ereignis, stellt aber oft auch eine Gefahr dar.

Es empfiehlt sich daher, folgende Systematik anzuwenden, um eine eindeutige Darstellung und eine einheitliche Interpretation des Zeichens sicherzustellen. Wenn etwas schon passiert ist, handelt es sich um ein Ereignis. Zum Beispiel einen Einsturz wie in der Tabelle 74. Wenn etwas droht zu passieren oder noch passieren könnte, wird es als Gefahr dargestellt, wie in Tabelle 8.

Der Unterschied soll an folgendem Beispiel verdeutlicht werden.

Tabelle 8: Unterschied zwischen Ereignis und Gefahr

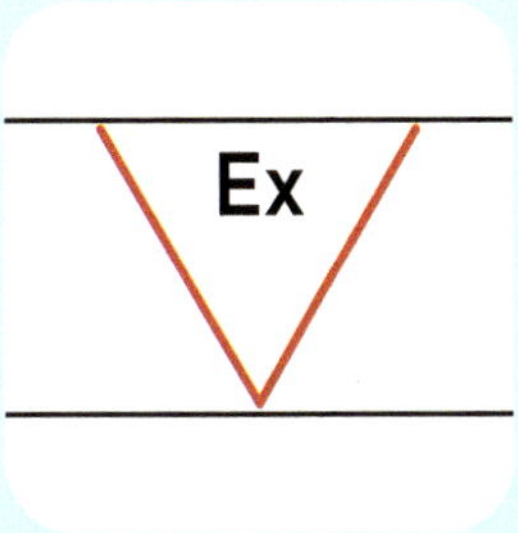	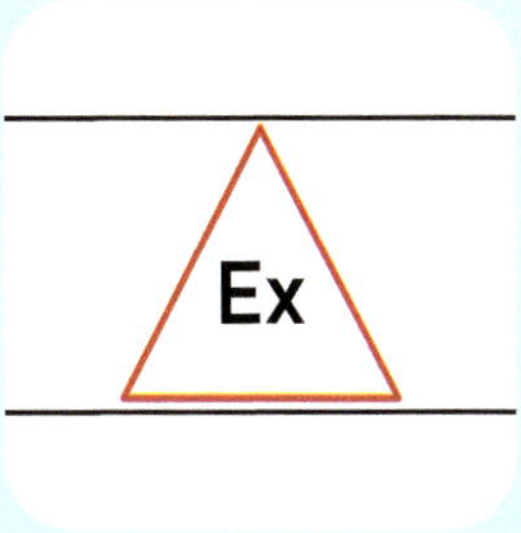
Ereignis einer Explosion	**Gefahr durch eine Explosion**

Das Zeichen „Ereignis“ mit der Ergänzung „Explosion“ stellt das bereits stattgefundene Ereignis dar. Das Zeichen „Gefahr“ mit der gleichen Ergänzung beschreibt die latente Gefahr der Explosion, z.B. bei einer Gasfreisetzung.

Das Zeichen für Gefahr wurde in den aktuellen Empfehlungen mit dem Zeichen der Maßnahme getauscht. Hintergrund ist, dass man Gefahren im Arbeitsschutz und im Straßenverkehr ebenfalls mit einem Warndreieck darstellt.

Da man mit den Maßnahmen die Gefahr bekämpft, kann man sich die Grundform für Maßnahmen gut als das Gegenteil von Gefahr merken. Wenn man verschiedene Farben zur Verfügung hat, kann das Symbol für Gefahr rot gezeichnet werden, die Maßnahme wird blau gezeichnet. Wir gehen darauf aber nochmal im Detail ein.

Auch das Zeichen der „Stelle, Einrichtung“ ist nicht immer einfach einzusetzen, da es zu Überschneidungen mit dem Zeichen der Fläche führt. Ein Sammelraum, in dem sich zahlreiche Fahrzeuge sammeln, um im Marschverband verlegt zu werden, wird nicht mit dem Zeichen für „Fläche“ gezeichnet, auch wenn es sich bei einem großen Parkplatz um eine sehr große Fläche handelt. Bereitstellungsraum und Sammelraum werden in der Praxis als Stelle gezeichnet. Das Zeichen „Fläche“ wird genutzt, um räumliche Bereiche wie Überschwemmungsgebiete oder kontaminierte Flächen zu kennzeichnen.

2.1.1 Farben und ihre Bedeutung

Das Thema Farbe im Zusammenhang mit Lagedarstellung ist aus mehreren Gründen wichtig. Zum einen erleichtert es die schnelle Erfassung, wenn Farbe optimal eingesetzt wird. Zum anderen ist die Verwendung von Farben nicht immer eindeutig und daher an einigen Stellen etwas verwirrend. Da einige Farben in unterschiedlichen Kontexten unterschiedliche Bedeutungen haben, bedarf es eines umfassenden Verständnisses, wann welche Farben wie optimal eingesetzt werden. Blau zum Beispiel dient der Kennzeichnung des THW, der Kennzeichnung eigener Maßnahmen und soll laut Empfehlungen [15] auch für den Bereich Wasser eingesetzt werden. Für überschwemmte Gebiete, in denen keine Gefahr durch die Überschwemmung ausgeht, kann man dies machen, da Wasser mit Blau assoziiert wird und solche Flächen dann visuell leicht zu erkennen sind. Sobald aber die Überschwemmung eine Gefahr darstellt, ist das Gefahrensymbol zu verwenden.

Tabelle 9: Verwendung der Farbe Blau

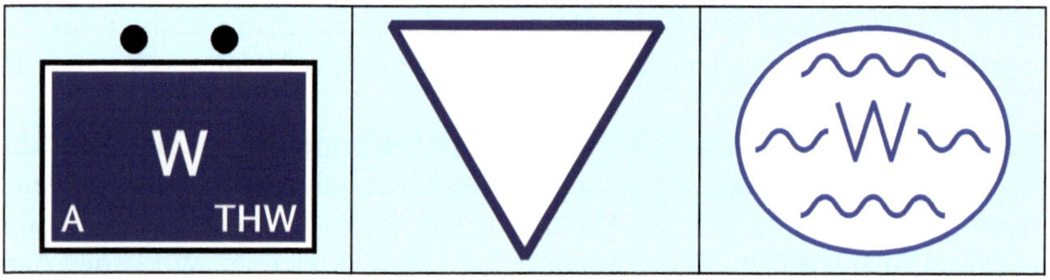

Abbildung 3 zeigt den Einsatz der Farben Blau und Rot im militärischen Kontext. Blau wird für eigene Maßnahmen und eigene Einheiten verwendet, während die Feindlage in Rot dargestellt wird. Im militärischen Kontext gibt es keinen Bedarf zur Kennzeichnung unterschiedlicher Organisationen. In Anlehnung an dieses Vorgehen gibt es jetzt die Option, eigene Maßnahmen in Blau darzustellen.

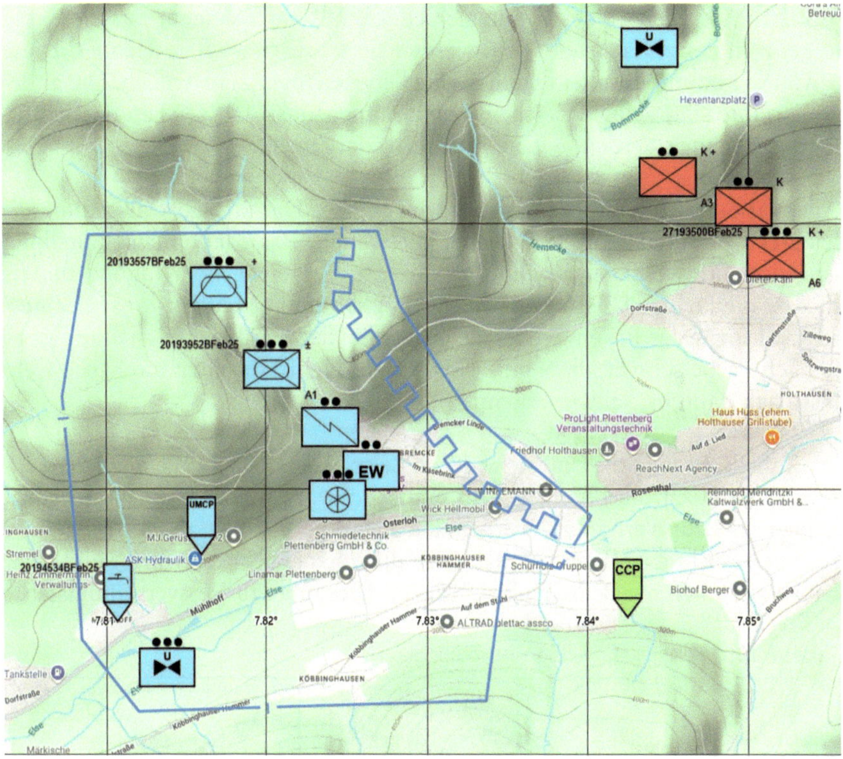

Abbildung 3: Einsatz der Farben Blau und Rot im militärischen Kontext

Um die taktischen Zeichen den verschiedenen Organisationen zuordnen zu können, kommen verschiedene Farben zur Anwendung, die bei der Lagedarstellung verwendet werden *können*. Das Wort „können" ist absichtlich in kursiv geschrieben, da Farben nicht zwingend zu verwenden sind.

Merke: Alle taktischen Zeichen können grundsätzlich invertiert oder monochrom gezeichnet werden.

Taktische Zeichen gibt es in unterschiedlichen Ausprägungen, was die Farbe angeht. In der einfachsten Form werden sie schwarz-weiß gezeichnet. Diese Variante kommt vor allem beim manuellen Zeichnen zum Tragen. Die andere Variante sind farbige Zeichen. Nicht immer muss das Zeichen flächenfüllend gezeichnet werden, wie in Tabelle 10 dargestellt.

Alle Varianten haben ihre Vor- und Nachteile. Die farbige Darstellung erleichtert vor allem bei vielen Zeichen die schnelle Zuordnung. Die Erstellung ist jedoch aufwendiger als die s/w-Variante. Bei einer Übertragung mittels Fax ist die farbige Übertragung nicht möglich und erschwert im schlechtesten Fall sogar das Erkennen des Zeichens. Bei der manuellen Erstellung ist es je nach Farbe schwer, diese gut lesbar zu fertigen. Vor allem die Farbe Gelb lässt sich dann oft schwer erkennen.

Die Tabelle 10 zeigt die Unterschiede am Beispiel einer Drohneneinheit der Feuerwehr. Monochrom bedeutet nicht immer schwarz-weiß. Hat man nur einen blauen Stift zur Verfügung, werden alle Zeichen, auch Gefahren, in Blau gezeichnet. Wichtig ist dann nur, dass man durchgängig bei Blau bleibt und nicht teilweise Farben mit Bedeutung verwendet. Dies führt zu Missverständnissen.

Tabelle 10: Beispiele für farbige Darstellungen

Monochrome Darstellung	**Flächige Füllung**	**Schwarz-Weiß Darstellung**

Farben erleichtern jedoch die Zuordnung und schnelle Erkennbarkeit. Wenn möglich und sinnvoll, sollten Farben genutzt werden.

In der Praxis ergeben sich manchmal Schwierigkeiten, vor allem bei der improvisierten Darstellung oder bei gemischten Einheiten. Gemischte Einheiten aus Feuerwehr, Rettungsdienst und THW haben keine klare Farbzuordnung.

Hier wird die Einheit in der Farbe gezeichnet, welche die Hauptfähigkeit stellt und damit in der Regel auch die Führung hat. Eine Brandschutzbereitschaft, welche Rettungsmittel einer Hilfsorganisation zum Eigenschutz mitführt und THW-Kräfte für die Logistik, bleibt also rot. Eine medizinische Task-Force, die einen GW-Dekon-P mitführt, bleibt weiß.

Um solche gemischten Formationen zu kennzeichnen, kann man einen Balken links am Zeichen anordnen, wie in Tabelle 11.

Tabelle 11: Kennzeichnen von gemischten Einheiten

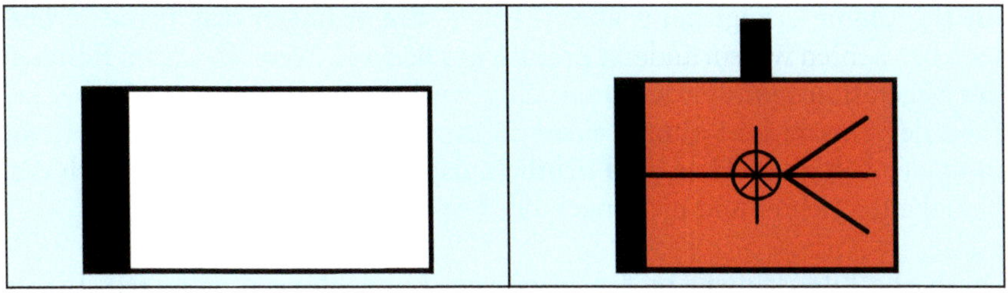

Tabelle 12: Übersicht der Farben zur Kennzeichnung von Organisationseinheiten

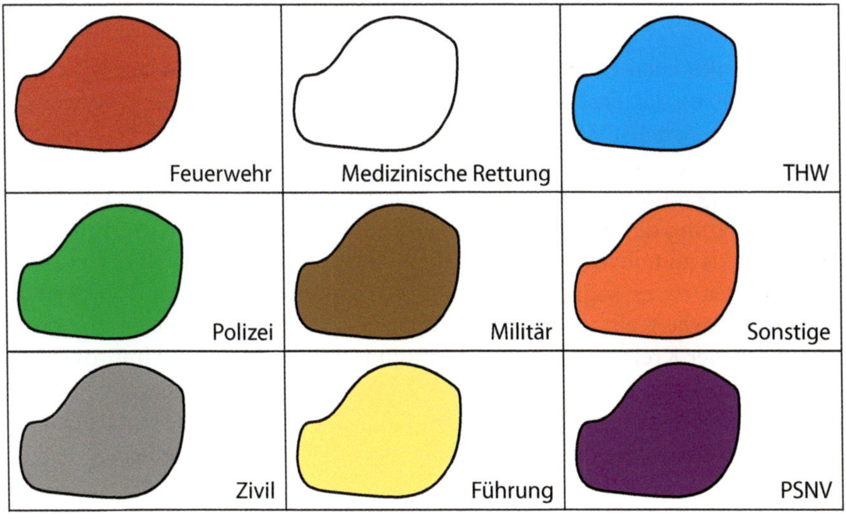

Neu hinzugekommen ist die Farbe Grau zur Kennzeichnung von zivilen Einheiten bzw. Personen. Dies können z.B. Spontanhelfer sein oder verletzte Zivilisten. Häufig werden bei Verletzten einfach weiße Zeichen benutzt, was nicht korrekt ist, da die Farbe Weiß den Hilfsorganisationen vorbehalten ist. Auch die Farbe Weiß ist nicht ausreichend für eine vollständige Abgrenzung der Organisationen, wenn der Rettungsdienst durch private Träger durchgeführt wird. Bei der Darstellung mit taktischen Zeichen ist jedoch die Trägerschaft von nachrangiger Bedeutung. Wichtiger ist, welche Fähigkeiten eine taktische Einheit hat. Aus diesem Grund können Rettungs- und Sanitätsdienstkräfte einheitlich mit Weiß gekennzeichnet werden. Eine Organisationszuordnung erfolgt dann über textliche Ergänzungen, wie bereits erläutert. Betrachten wir ein anderes praktisches Beispiel. Wenn @-fire im Rahmen der Vegetationsbrandbekämpfung tätig wird, ist Rot die richtige Farbe. Erfolgt der Einsatz im Rahmen eines Einsturzes, wäre Blau die richtige Betonung der Fähigkeit. Hier wird deutlich, dass die Farbe sich besser nach den Fähigkeiten richtet und nicht nach der Organisation.

Die Farbe Lila ist nicht in den bisherigen Empfehlungen enthalten. In der Praxis findet man sie manchmal zur Kennzeichnung von Einheiten im Bereich PSNV, angelehnt an deren Westenfarbe.

Laut den aktuellen Empfehlungen soll bei vorbereiteten Zeichen (z.B. Magnetplättchen) die Farbe flächenfüllend im taktischen Zeichen verwendet werden. Bei behelfsmäßiger Darstellung, z.B. Skizzen auf Papier, kann die Umrandung des Zeichens in der Grundfarbe des Zeichens erstellt werden. In der Praxis gestaltet sich diese Empfehlung manchmal schwierig. Wenn nur die Umrandung des Zeichens in der Grundfarbe dargestellt wird, führt dies in der Praxis zu teilweise schlecht erkennbaren Zeichen. Im Fall der Hilfsorganisationen ist es sogar unmöglich, wenn weißer Untergrund verwendet wird. Die Farbe Gelb ist auf einem Whiteboard nur sehr schlecht zu erkennen. Auf einer Kreidetafel in einem Schulungsraum, der für die improvisierte Stabsarbeit genutzt wird, lässt sich keine schwarze Umrandung zeichnen. Hier kommt es auf das Geschick des Lagekartenführers an, trotz der Einschränkungen lesbare und unverwechselbare Zeichen darzustellen.

Bei monochrom gezeichneten Zeichen werden die Organisationen daher bei Bedarf als Abkürzung unten rechts mit aufgeführt.

Möchte man eigene Einheiten und ortsfremde Einheiten unterscheiden, kann man die Möglichkeit der invertierten Darstellung aus Tabelle 13 nutzen:

Tabelle 13: Beispiele für eigene und externe Einsatzmittel der Feuerwehr

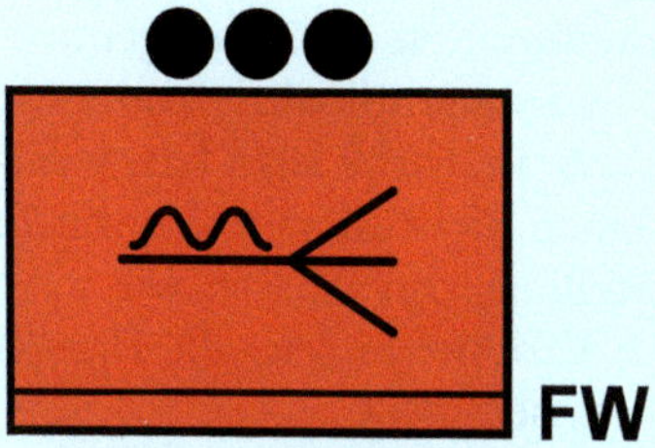	
Formation eigene Kräfte	**Formation externe Kräfte**

Ein weiteres Problem tritt auf, wenn aufgrund des Zeichens keine Möglichkeit besteht, es flächig auszufüllen. Typische Beispiele sind ein Fahrrad oder ein Motorrad. Hier hat sich eingebürgert, das Zeichen mit der entsprechenden Farbe zu hinterlegen, da es eine Spezifikation eines Landfahrzeuges darstellt. Ein Beispiel sehen wir beim Kraftrad in Abbildung 4.

Abbildung 4:
Darstellung eines Bundeswehr-Kraftrads, geländegängig (Kategorie 3), über Mobiltelefon erreichbar

■ Funktionsfarben

Neben den bereits mehrfach erwähnten Organisationsfarben finden sich in den Vorschlägen zur DV 102 und anderen Literaturstellen zum Thema taktische Zeichen, weitere Farben, im weiteren Funktionsfarbe genannt. Die Farbe Gelb, in Analogie zur Westenfarbe des Einsatzleiters, wird für maßgebliche Stellen und Einrichtungen der Führung vorgeschlagen und dort auch häufig genutzt, um unterstellte Stellen zu kennzeichnen. Gleichzeitig soll Gelb auch zur Kennzeichnung von kontaminierten Flächen genutzt werden. Dies resultiert aus NATO-Vorgaben, in denen radioaktiv kontaminierte Flächen gelb schraffiert werden sollen. Auch die Farbe Blau hat, wie schon ausgeführt, mehrere Bedeutungen. Zum einen dient sie zur Kennzeichnung von Maßnahmen, zum anderen zur Darstellung von Wasser, wie in Abbildung 5 in der Variante b) dargestellt. Die Variante a) zeigt die Darstellung als Gefahrenbereich mit der Gefahr Hochwasser.

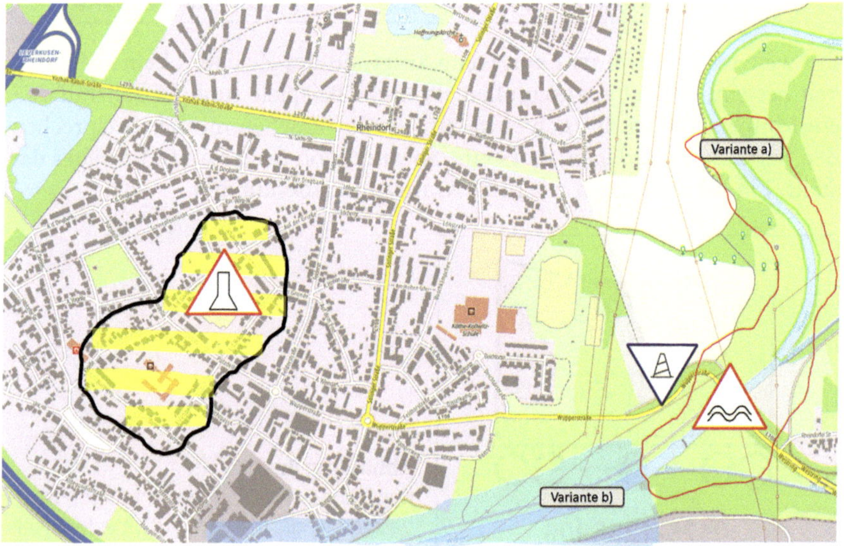

Abbildung 5: Farbliche Kennzeichnung von Flächen

Solche Funktionsfarben, wie in Tabelle 14, können in einigen Situationen hilfreich sein und für Übersichtlichkeit sorgen. Sie können jedoch auch teilweise zu Schwierigkeiten führen, da einige Farben teilweise Doppelbedeutungen haben.

In dem Moment, wo z.B. Gelb eingesetzt wird, kann eine Einheit keiner Organisation mehr über die Farbe zugeordnet werden. Ein ELW muss nicht gelb gezeichnet werden, weil er Führungsmittel der Einsatzleitung ist. Handelt es sich um einen ELW der Feuerwehr, wird er in Rot gezeichnet, ist es ein Fahrzeug der Hilfsorganisationen, wird er weiß gezeichnet.

Tabelle 14: Übersicht der Funktionsfarben

	Darstellung der Grenzen, Führungslinien sowie der Ausgangslage der eigenen Kräfte, **Einheiten und Maßnahmen Dritter** bzw. benachbarter Kräfte.
	Darstellung eigener Kräfte und Mittel, sowie **eigener Maßnahmen.**
	Darstellung der Schadenslage mit Schäden, Gefahren und einem Gefahrenbereich.
	Kennzeichnung von kontaminierten Gebieten. Hervorhebung der maßgeblichen Stellen und Einrichtungen, der eigenen Führungsorganisation.

Ein Einsatzleiter muss nicht mit der Farbe Gelb gekennzeichnet sein; es ist selbsterklärend, dass ein Einsatzleiter zur Einsatzleitung gehört. Interessanter ist möglicherweise, ob es ein Feuerwehrmann ist oder ein LNA, je nach Situation. Bei einem Bereitstellungsraum, der direkt der Einsatzleitung unterstellt ist und für alle BOS vorgesehen ist, kann die Farbe Gelb dagegen durchaus Sinn machen. Dadurch ist zu erkennen, wem der Bereitstellungsraum untersteht, ohne in die Führungsorganisation schauen zu müssen. Was also eine maßgebliche Stelle ist, welche gelb gekennzeichnet wird, entscheidet der Lagekartenführer, sofern die jeweilige Stabsdienstordnung nichts anderes regelt.

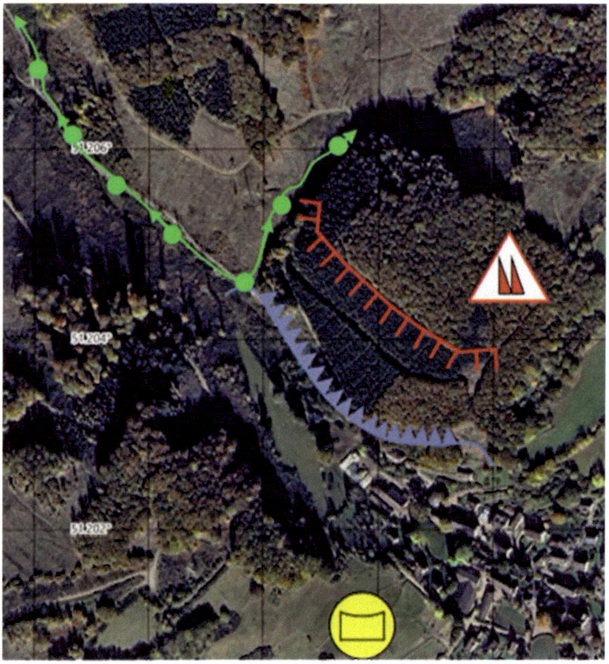

Abbildung 6: Führungslinien bei einem Vegetationsbrand auf einem Luftbild

Abbildung 6 zeigt den Einsatz von Funktionsfarben im Zusammenhang mit Führungslinien. Zu sehen sind in Rot die Ausbreitungsrichtung eines fortentwickelten Brands sowie in Blau die Riegelstellung als eigene Maßnahme und daher in Blau. Im nordwestlichen Bereich ist der vorgeplante Fluchtweg in Grün eingezeichnet. Je nach Maßstab der Karte empfiehlt es sich, die grünen Punkte an Weggabelungen zu setzen, um diese optisch zu markieren. Zum Thema Linien, kommen wir später nochmal im Kapitel 2.9 Einsatzräume und Grenzen.

2.1.2 Zusatzangaben

Trotz der grundsätzlich offenen Systematik gibt es für Zusatzangaben einige vorgesehene Positionen. In einer Software zur Lagedarstellung sind die Positionen vorgegeben und können individuell gefüllt werden.

Zusatzangaben können sein:

- Die Dimension der taktischen Einheit (z.B. Gruppe oder Zug) bzw. die Verwaltungsstufe
- Exakte Stärke mit Qualifikation (z.B. 1/0/8//9)
- Angaben zu Zeitpunkten (z.B. Ausrücken, am Einsatzort)
- Die Bewegungsrichtung
- Die übergeordnete Einheit
- Der Funkrufname
- Die Organisation (ASB, JUH, DLRG, FW etc.)

Die Abbildungen 7 und 8 zeigen die Editiereinstellung einer Software zur Lagedarstellung. Zeichnet man die Zeichen manuell, ist es etwas schwieriger, diese Zusatzangaben auf engem Raum unterzubringen.

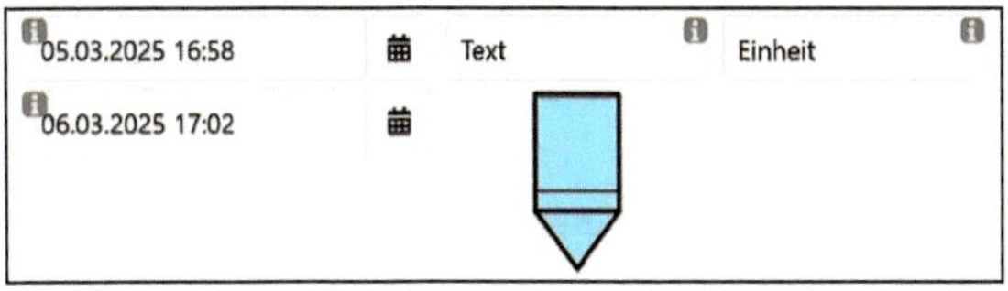

Abbildung 7: Zusatzangaben bei einem markanten Punkt

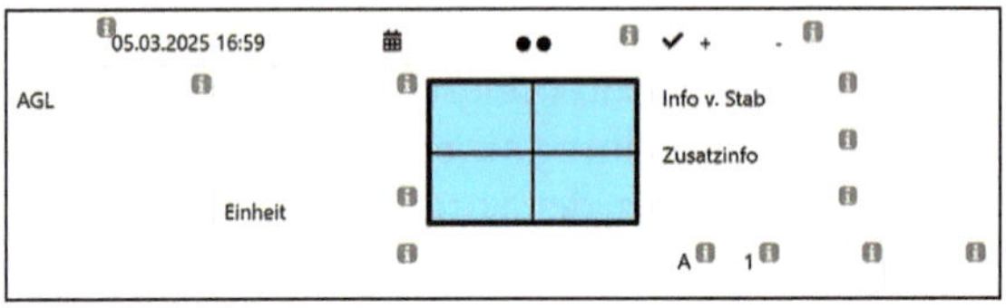

Abbildung 8: Zusatzangaben bei einer Formation

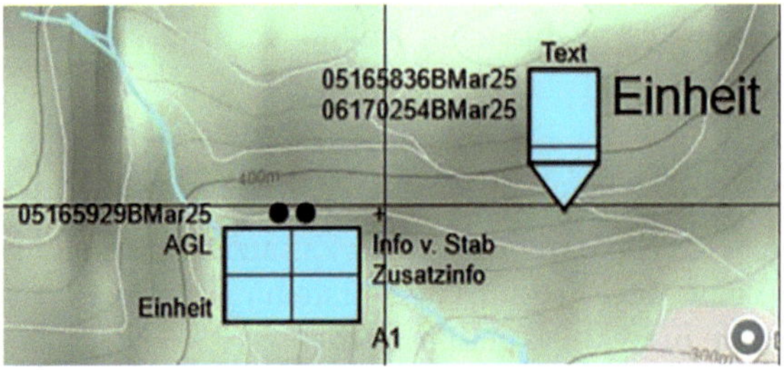

Abbildung 9: Exemplarische Darstellung der Zeichen mit Zusatzangaben in der Lagekarte

Diese Zusatzangaben können gemacht werden, wenn sinnvoll. Es besteht aber keine Pflicht zur Angabe. Wenn jedoch die jeweilige Zusatzinformation gemacht wird, dann sollte sie immer an der gleichen Position stehen. Bei vorgefertigten Zeichen erfolgt die Angabe häufig auch auf dem Zeichen selbst, da die Angaben dann beim Verschieben des Zeichens „mitwandern".

Abbildung 10: Vorgefertigtes Zeichen mit seitlicher Beschriftung zur Erreichbarkeit. Führungskraft des THW im Bereich Versorgung

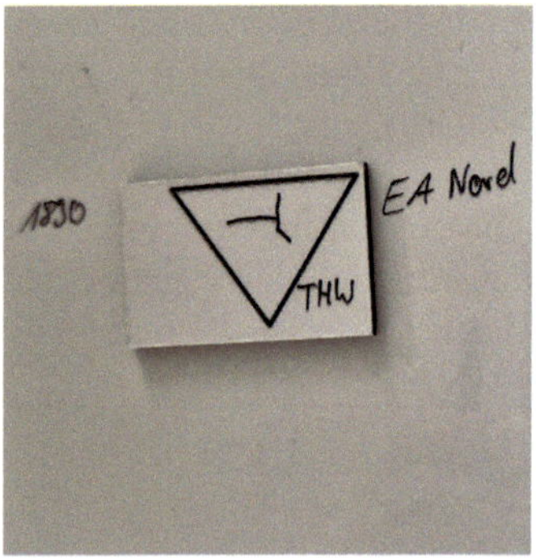

Abbildung 11: Vorgefertigte Zeichen mit Zusatzangaben neben dem Zeichen

Sofern einzelne Informationen unsicher sind oder vermutet werden, sind diese mit einem „?“ zu kennzeichnen. Das Fragezeichen wird dabei oben rechts an der unsicheren Information angebracht. Bei einer Verwendung des „?“ wie in Abbildung 12 bleibt unklar, was genau die Vermutung bzw. die ungesicherte Information ist. Sind es vermutlich 30 Verletzte oder 30 Personen, die vermutlich verletzt sind?

Abbildung 12: Beschriftung mit unklarer Vermutung

Abbildung 13: Beschriftung mit klarer Kennzeichnung der unklaren Information

Wird das „?“ oben rechts an der unsicheren Information platziert, wird klar, dass es sich um vermutlich 30 Verletzte handelt, also die Anzahl unklar ist, es aber definitiv Verletzte gibt.

2.1.3 Aufbau eines taktischen Zeichens

In der Praxis kommen häufig vorgefertigte taktische Zeichen zum Einsatz. Diese haben den Grundaufbau wie in den Abbildungen 14 und 15 dargestellt.

Grundsätzlich können Zusatzangaben auch um das Zeichen herum angeordnet werden und nicht nur im Kopf- oder Fußbereich. Bei vorgefertigten Zeichen erleichtert dies den praktischen Einsatz, da die Information mitwandert. Siehe auch die Abbildungen 10 und 11.

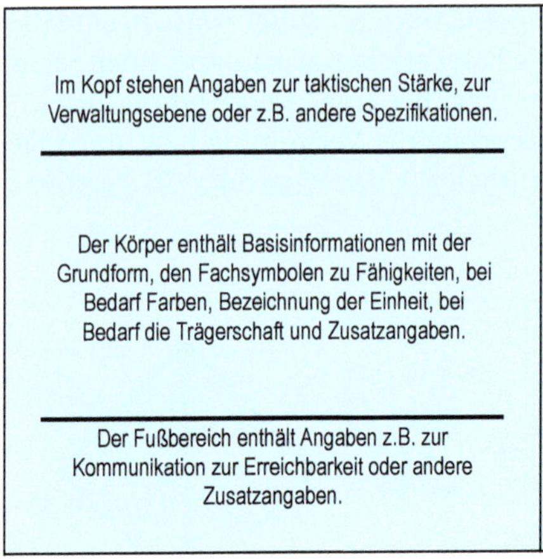

Abbildung 14: Flächen in einem taktischen Zeichen

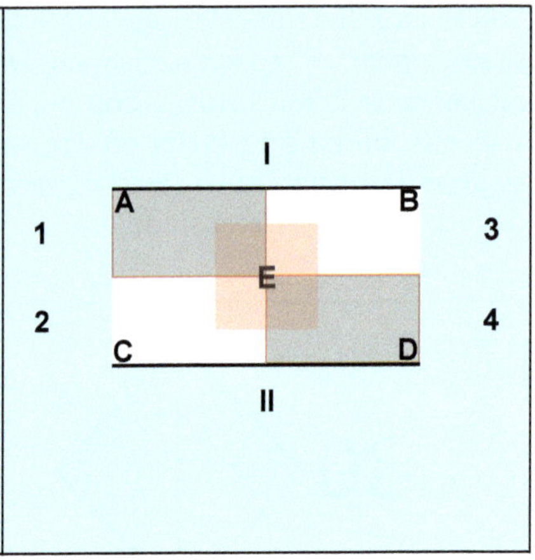

Abbildung 15: Weitere Flächen in einem taktischen Zeichen am Beispiel der Formation

Tabelle 15: Positionen für Zusatzangaben

Feld	Bedeutung
A	Typisierung der Einheit oder nähere Bezeichnung
B	Optionale Angaben wie Leistungsfähigkeit
C	Textliche Ergänzungen, die je nach Grundform sinnvoll sind.
D	Textliche Ergänzungen, die je nach Grundform sinnvoll sind, wie z.B. Trägerschaft
E	Fachaufgabe oder textliche Spezifizierung
Feld 1	Zeitangaben
Feld 2	Textliche Ergänzungen, die je nach Grundform sinnvoll sind, wie z.B. Name, Auffindeort
Feld 3	Angabe zu einer Verstärkung oder Verminderung der Einheit Die Angabe, ob die Information sicher oder fraglich ist. Die Position bezieht sich nicht nur auf Fahrzeuge, sondern allgemein auf alle Arten von taktischen Zeichen

Feld 4	Eine nach Lage zusätzliche Angabe, z.B. eine besondere Fähigkeit
I	Angaben zur Größenordnung der Einheit
II	Angaben zur Eigenbeweglichkeit (Straßen, Gelände, amphibisch etc.) Angaben zur Bewegungsrichtung

Tabelle 16: Beispiele für den Einsatz von Zusatzangaben

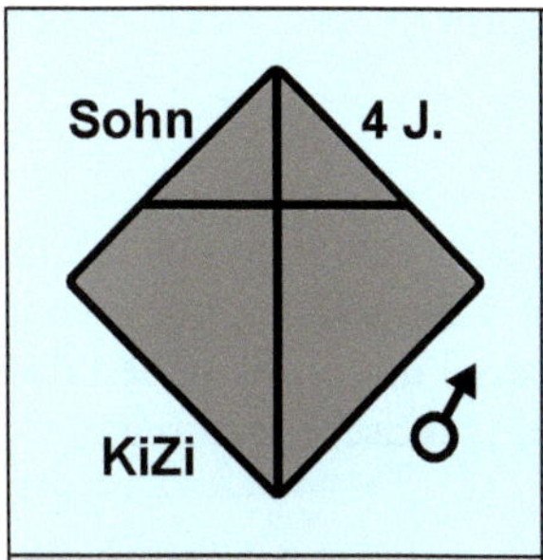	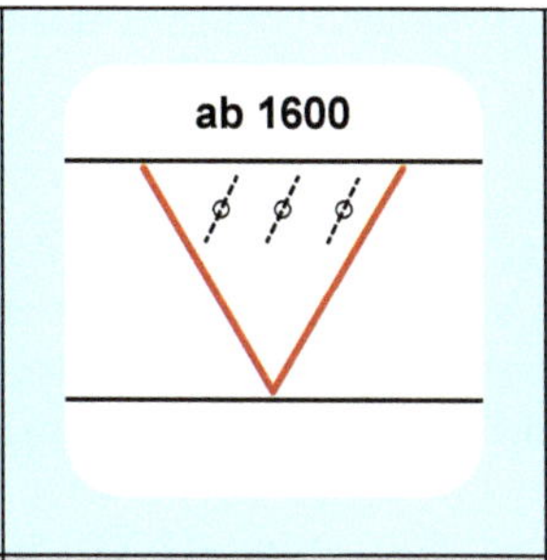	
Der vierjährige Sohn wurde im Kinderzimmer gefunden und ist tot.	**Ab 16:00 Uhr soll es hageln.**	**Die Gefahr eines Hochwassers, welches um 06:30 Uhr am 15. April 25 erwartet wird.**

Für die Bezeichnungen von Einheiten werden

- römische Ziffern für Züge verwendet
- arabische Ziffern für alle anderen Einheiten [13]

Der dritte Zug der fünften Bereitschaft hätte dann die Bezeichnung 5 III. Bei Einsätzen in grenznahen Bereichen, an denen Einheiten mehrerer Nationen beteiligt sind, wird das Nationalitätskennzeichen in großen Buchstaben genutzt. In der Praxis kommt diese Bezeichnungsform selten zum Einsatz, da Einheiten oft ad hoc zusammengestellt werden und die Bezeichnung der Teileinheiten über die Ortsnamen praktikabler ist. Beispiel: Zug 2 Musterstadt.

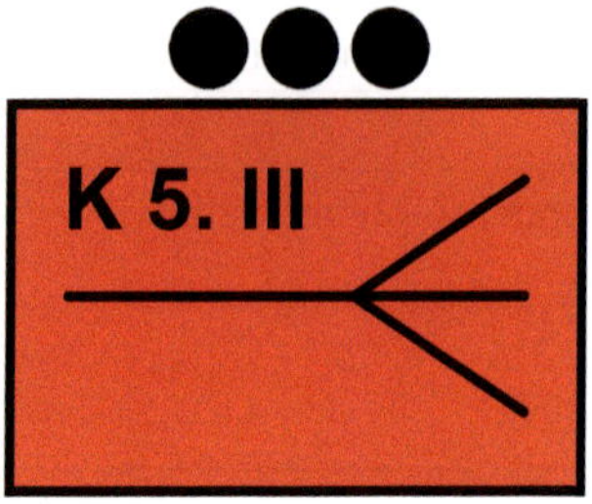

Abbildung 16:
Identifikation einer taktischen Formation am Beispiel des dritten Zuges der 5. Bereitschaft aus Köln

■ Angabe der Zeit

Zeitangaben bei taktischen Zeichen sollen laut den Empfehlungen ebenfalls nach einer bestimmten Systematik erfolgen (Datum – Uhrzeitgruppe; soweit erforderlich können Monat und Jahr angefügt werden) und links neben das Zeichen geschrieben werden. Man nennt diese Form „taktische Zeitangabe".

Beispiel: 040835jun20 = 04. Juni 2020, 08:35 Uhr

Wenn man die Möglichkeit hat, die Uhrzeit andersfarbig zu formatieren, erleichtert dies die schnelle Erkennbarkeit. Bei Auslandseinsätzen und bei Kontakten mit militärischen Einrichtungen wird zusätzlich die Angabe der geltenden Zeitzone (A, B, Z) oder der geltenden Zeit (z.B. MEZ, MESZ) empfohlen.

Tabelle 17: Beispiele für den Einsatz von Zusatzangaben

Abkürzung	Bedeutung	Erläuterung
A	ALPHA-Zeit	Mitteleuropäische Zeit = MEZ
B	BRAVO-Zeit	Osteuropäische Zeit = Sommerzeit = MESZ
Z	ZULU-Zeit	Westeuropäische Zeit = UTC (Universal Time corrected)

Da bis auf das THW und einige Hilfsorganisationen die deutsche nichtpolizeiliche Gefahrenabwehr in der Regel nicht in anderen Zeitzonen tätig wird, ist die Angabe praktisch kaum relevant. Auch das manuelle Schreiben der Realzeit im Format der taktischen Zeit bringt erfahrungsgemäß mehr

Schwierigkeiten mit sich, als dass es einen Mehrwert für die Bewältigung der Schadenslage hat. Auch alle Soldaten, die im Rahmen der zivil-militärischen Zusammenarbeit bei größeren Schadenslagen im Stab als Fachberater unterstützen, können die Zeit nach DIN oder ISO lesen. Wichtig ist, die Schreibweise einheitlich zu verwenden, um Missverständnisse zu vermeiden. Die Jahreszahl sollte daher immer vierstellig geschrieben werden. Dies verhindert die Verwechslung mit Tag oder Monat. Im Idealfall ist die Schreibweise der Zeit in der Stabsdienstordnung festgelegt und damit verbindlich.

Tabelle 18: Vergleich der verschiedenen Formate

Taktische Zeit	151324apr25
DIN 5008	15.04.2025 13:24
ISO 8601	2025-04-15 13:24

Werden Dateien abgespeichert, so empfiehlt es sich, zur zeitlichen Sortierung die Zeitangabe mit in den Dateinamen aufzunehmen, z.B. mit 2020-01-04_0937_ETB.pdf.

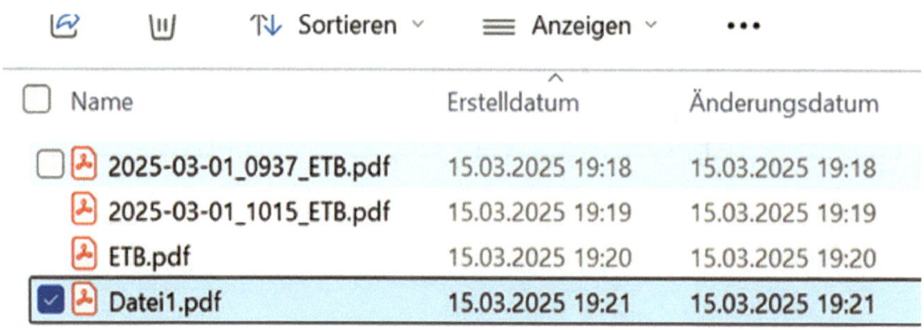

Abbildung 17: Sortierung der Dateien im zeitlichen Verlauf

Sofern Zeitangaben am taktischen Zeichen notwendig sind, handelt es sich dabei in der Regel um die voraussichtliche Eintreffzeit (manchmal abgekürzt mit ETA für *Estimated Time of Arrival*) oder den Zeitpunkt des Ausrückens

(ATD für *Actual Time of Departure*). Alle anderen Zeitpunkte werden in der Regel über FMS und die verschiedenen Einsatzleitsysteme erfasst.

■ Größenordnungen

Um die Schlagkraft einer Einheit bewerten zu können, ist die taktische Stärke ein wichtiges Merkmal. Die Soll-Stärke wird dabei mit Hilfe der Zeichen in **Tabelle 19** angegeben. Die Größenordnung von Einheiten wird dabei oberhalb des Zeichens dargestellt.

Problematisch sind die fehlenden Definitionen von einigen taktischen Gliederungen wie Zug, Bereitschaft, Abteilung und Großverband. In der Praxis ist die Angabe der taktischen Stärke daher sinnvoll und oft notwendig. Aus der 2-5er Regel ergeben sich Unterschiede in der Stärke von teilweise mehreren hundert Kräften.

Tabelle 19: Angabe der taktischen Stärke

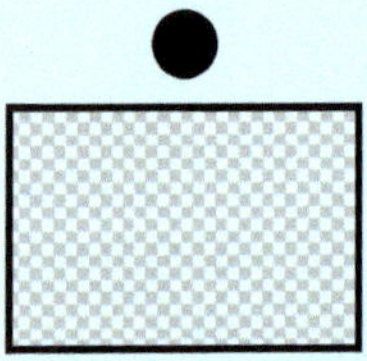	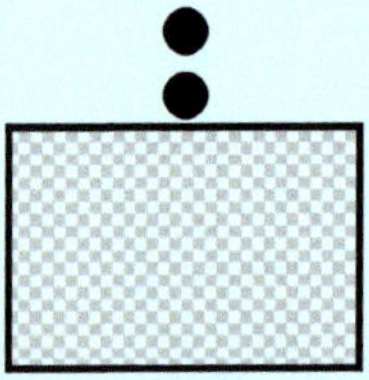		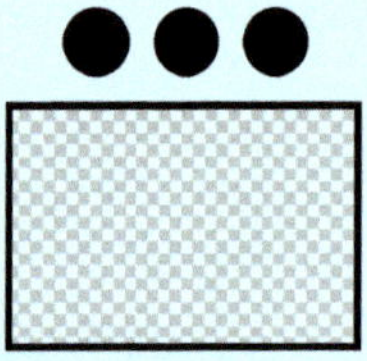
Selbständiger Trupp	**Staffel**	**Gruppe**	**Zug**

Die in der Tabelle transparent dargestellten Flächen werden in der Praxis mit der jeweiligen Organisationsfarbe aus Tabelle 12 gefüllt. Da es in Deutschland in der nichtpolizeilichen Gefahrenabwehr keinen Verband 3 gibt, ist dieser schon in Braun für den militärischen Bereich gezeichnet.

Tabelle 20: Taktische Stärke ab Ebene der Verbände

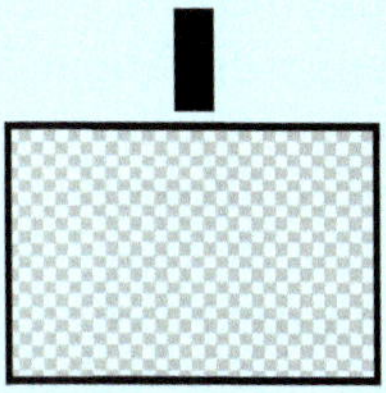		
Bereitschaft Verband 1	**Abteilung Verband 2**	**Brigade**

Im Bereich des Verwaltungswesens erfolgt die Zuordnung zur Hierarchieebene mittels Sternen.

Tabelle 21: Größenangabe Verwaltung

Stadt	**Kreis**	**Bezirk**
*	* *	***
Land	**Bund**	**EU**
****	*****	** ** * * (Sternenkreis)

Zusatzangaben können auch an andere Zeichen angebracht werden. Ein häufiger Anwendungsfall ist das Personenzeichen.

■ Stärkeangaben

Die Mannschaftsstärke wird in Personen angegeben und beginnt mit Verbandsführer, Zugführer und Gruppenführer. Dann kommt die Mannschaft und zum Schluss die Gesamtstärke. Neu ist, dass besondere Funktionen wie Ärzte, AGT oder CSA-Träger zusätzlich angegeben werden können.

Das Ganze sieht dann so aus: 1/2/3/18//24 (8 AGT). In der Gesamtstärke von 24 Personen haben acht Personen die Qualifikation Atemschutzgeräteträger. Diese dürfen nicht in den Führungskräften enthalten sein. Wenn einzelne Qualifikationen nicht vertreten sind, wird dies durch einen Auslassungsstrich gekennzeichnet. Die Angabe 1/-/-/8//9 bei einem HLF 10 bedeutet also, dass die Führungskraft die Qualifikation eines Verbandsführers besitzt und 8 Mannschaftsdienstgrade, also unterhalb eines Gruppenführers, vorhanden sind. Die Funktion bleibt jedoch in diesem Fall Gruppenführer. Funktion und Qualifikation werden also unterschieden. Etwas schwieriger wird die Angabe im Bereich Rettungs- und Sanitätsdienst, da es hier keine eindeutige Festlegung gibt, welche medizinische Qualifikation (Arzt, NfS, RA, RS, RH) an welcher Stelle aufgeführt wird.

Tabelle 22: Kennzeichnung der Einheiten bei Abweichungen von der Stärke

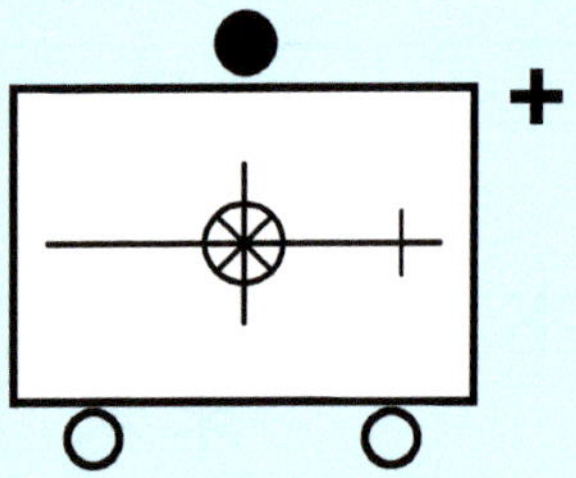	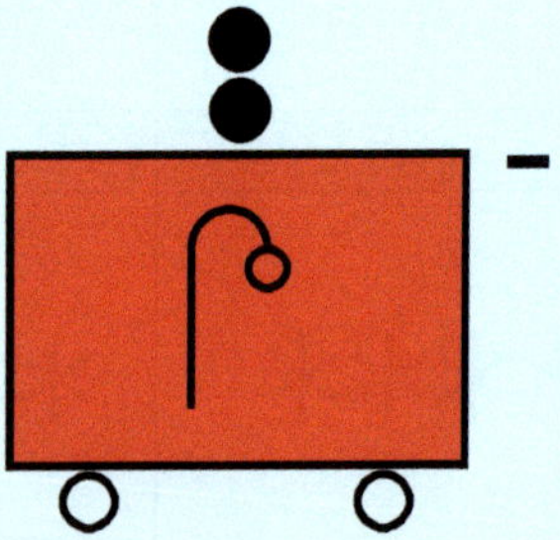
Verstärke Einheit	**Geschwächte Einheit**

Um die Stärke einer Einheit zu kennzeichnen, kann man rechts oben, neben dem taktischen Zeichen, Zusatzangaben machen. Es gibt keinen absoluten, messbaren Wert, ab wann eine Einheit als „verstärkt" gekennzeichnet wird. Dies ist eine Ermessensentscheidung des Lagekartenzeichners und von der jeweiligen Situation abhängig. Die Verstärkung bezieht sich dabei immer auf den taktischen Wert der Einheit. Ein typisches Beispiel ist, wenn im Rahmen einer Großveranstaltung ein RTW mit drei Einsatzkräften besetzt ist. Dieser würde dann als verstärkte Einheit gelten. Die Kennzeichnung erfolgt dabei wie in Tabelle 22 abgebildet. Ein anderes Beispiel ist ein TLF-Waldbrand, welches mit vier Einsatzkräften besetzt ist, also einen verstärkten Trupp darstellt.

Eine geschwächte Einheit, wie in Tabelle 22 gezeigt, ist z.B. ein Staffelfahrzeug, welches nur mit 1/4 besetzt ist. Einheiten mit einem ± sind durch Austausch von Kräften umgegliedert. Sie sind weder geschwächt noch verstärkt. Typisches Beispiel für eine Einsatzsituation ist der Austausch von Kräften bei längeren Einsätzen. In einer größeren Einheit, wie z.B. einem Verband 1, wird ein einzelner Zug ausgelöst. Diese Kennzeichnung kann hilfreich sein, bei der Organisation von Ablösungen.

■ Richtung, Bewegung zeitliche, örtliche und Bewegungsangaben

Bei Einsätzen finden Bewegungen von Personen und Fahrzeugen statt, welche ebenfalls dargestellt werden müssen. Zu den Bewegungen gehören z.B. der Patiententransport, die Angriffsrichtung bei der Brandbekämpfung, Flugrouten oder auch ein KfZ-Marsch beim Verlegen von größeren Einheiten.

Die in Tabelle 23 aufgeführten Bewegungsrichtungen finden sich teilweise unterhalb von taktischen Zeichen, um Aussagen zum Bewegungsstatus[1] zu machen, innerhalb eines taktischen Zeichens, um zu konkretisieren, oder auf der Karte selbst, um z.B. die Angriffsrichtung zu kennzeichnen oder den Fluchtweg zu kennzeichnen. Siehe hierzu auch das Beispiel Fluchtweg bei einem Waldbrand in Abbildung 6 oder die Route zur Befliegung mittels Luftfahrzeuge in Abbildung 24.

---

[1] Mit Bewegungsstatus ist gemeint, ob die Bewegung noch startet, gerade erfolgt oder schon beendet ist.

Tabelle 23: Bewegungsrichtungen

	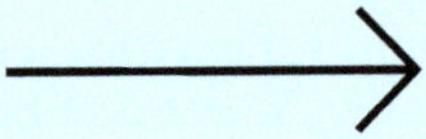	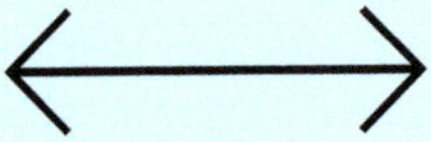
Beginn einer Bewegung	**Gerichtete Bewegung allgemein**	**Sichten**
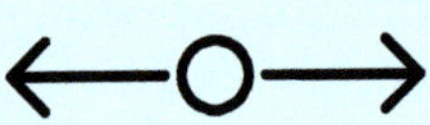		
Bereitstellen		**Abrufen**
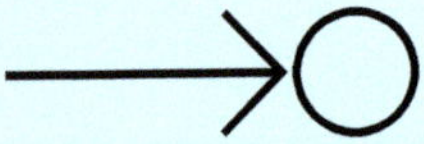	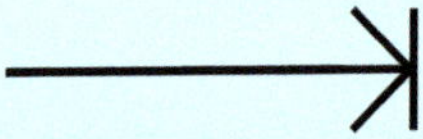	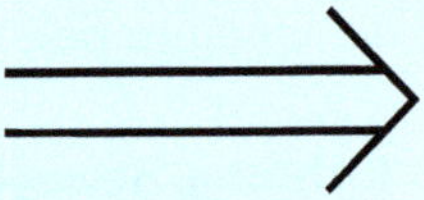
Sammeln oder zusammenführen	**Ende einer Bewegung**	**Vortragen einer Handlung, Richtung einer Maßnahme**

■ Verfügbarkeit von Einheiten

Tabelle 24: Verfügbarkeit

Verfügbare Einheit	Geplante Einheit	Nicht aktive Einheit	Teilverfügbare Einheit
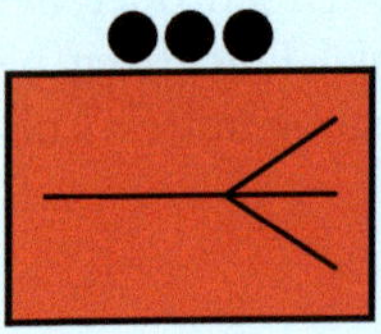	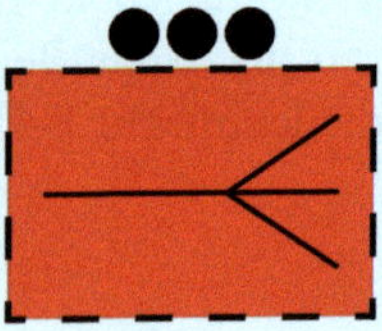	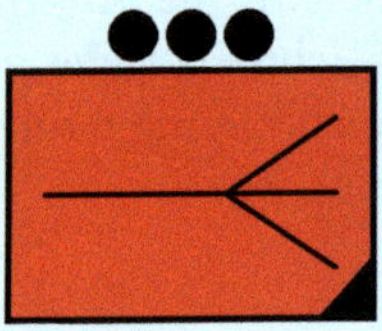	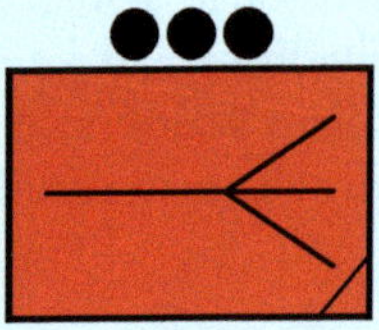

■ Verfügbar

Einheiten, die komplett verfügbar sind, werden mit einer durchgezogenen Linie dargestellt. Ein Beispiel zeigt Tabelle 24 in der linken Spalte.

■ Geplant

Geplante Einheiten oder Maßnahmen werden mit einer gestrichelten Linie gezeichnet. Sobald die vorgeplanten Einheiten dann verfügbar sind, werden die Linien durchgezogen oder bei vorbereiteten Zeichen diese an die jeweilige Stelle gesetzt. „Geplant" ist nicht gleichzusetzen mit „Auf dem Marsch". Im Zustand ‚Auf dem Marsch' ist die Einheit bereits ausgerückt und im Zulauf. In diesem Fall wird sie mit durchgezogenen Linien dargestellt und das taktische Zeichen wird in der Praxis häufig leicht gekippt, um diesen Zustand darzustellen.

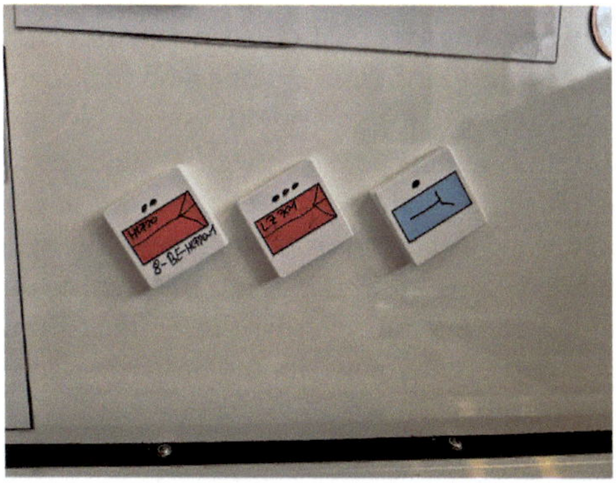

Abbildung 18:
Beispiel der Darstellung einer Einheit auf dem Marsch

■ Teilverfügbar

Einheiten, die teilverfügbar sind, werden mit einem schrägen Strich an der rechten unteren Ecke gekennzeichnet. Typische Beispiele für solche Einheiten sind z.B. ein RTW, der von einer TLF-Mannschaft besetzt wird, oder ein PTZ, der als Alternative zum BHP-50 alarmierbar ist. Es handelt sich um Einheiten, die technisch voll verfügbar sind, aber aufgrund von Personal nicht gleichzeitig einsetzbar sind oder nicht die volle taktische Stärke haben. Ein Beispiel zeigt Tabelle 24.

■ Nicht aktiv

Nicht aktive Einheiten sind technisch vorhanden, aber es steht kein Personal zur Verfügung. Typische Beispiele sind z.B. Fahrzeuge der Bundeswehr. Es ist ein entsprechend langer Vorlauf notwendig, um die Einheiten einzusetzen. Solche Einheiten kommen nur bei längeren Einsatzlagen zum Tragen, die über Tage und Wochen anhalten.

2.2 Fachsymbolik

Die Fachaufgaben sind historisch entstanden. Früher gab es eine deutlichere Trennung zwischen den Fachdiensten und damit den Aufgaben. Mit zunehmender Interdisziplinarität und Erweiterung des Aufgabenspektrums lässt sich der taktische Wert von Fahrzeugen und Einheiten an vielen Stellen nicht vollständig darstellen. Bei einer Kombination aus Arbeits-Teleskopmast mit Rettungskorb und Löschfahrzeugkomponenten ist es schwierig, dies darzustellen, daher wird in der Regel die Haupttätigkeit dargestellt. Aufgrund der Vielfalt der Aufgaben wurden einige neue Zeichen mit in die Empfehlungen aufgenommen. Durch den ergänzenden Text, z.B. HLF, kann mit dem Symbol „Verteiler" das Löschfahrzeug gekennzeichnet werden. In einigen Bundesländern ergibt sich aus der OPTA die genaue Bezeichnung des Fahrzeugs.

Die Fachaufgaben sind ein wichtiger Bestandteil des Baukastensystems „Taktische Zeichen". Mit ihnen können Tätigkeiten und Aufgaben schnell und einfach beschrieben werden.

2.2.1 Brandschutz

Tabelle 25: Übersicht der Fachaufgaben

Taktisches Zeichen der Fachaufgabe bzw. Tätigkeit	Herleitung	Erläuterung
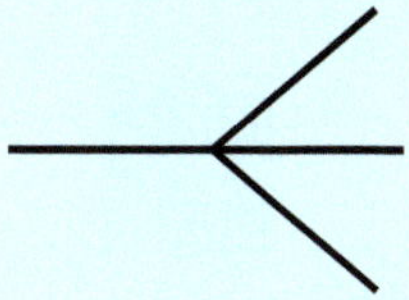		Das taktische Zeichen symbolisiert einen Verteiler. Er steht als Symbol für den Bereich der Brandbekämpfung und jede andere Tätigkeit, bei der ein Strahlrohr vorgenommen wird.
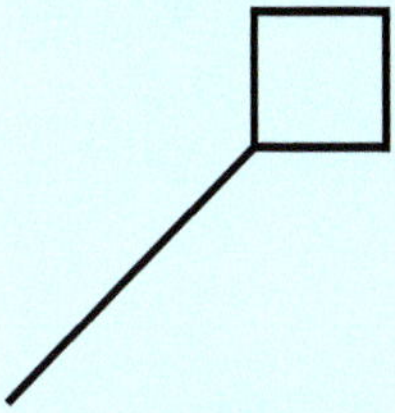		Das taktische Zeichen symbolisiert den stehenden Korb einer Drehleiter und steht für die Tätigkeit Retten aus Höhen und Tiefen im Allgemeinen. Dazu zählen sowohl das Retten mit Hubrettungsfahrzeugen wie DL, DLK, DL(A),
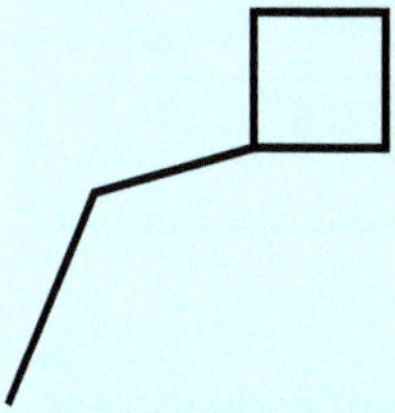	 Quelle: Wolfgang Werft	Für den Bereich TGM und DLK mit abknickbarem Leiterteil wurde ein neues Symbol aufgenommen.
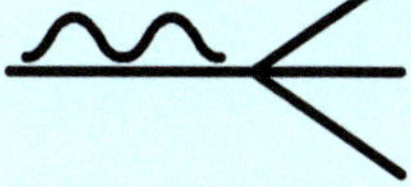		Das taktische Zeichen symbolisiert einen Verteiler und eine Wasserwelle. Es wird verwendet für den Bereich der Löschwasserversorgung.

■ Löschmittel

Neu hinzugekommen sind die Symbole für die verschiedenen Löschmittel. Sie dienen der Kenntlichmachung von Fahrzeugen und Maßnahmen. Tabelle 27 zeigt typische Anwendungsbeispiele:

Tabelle 26: Symbolik für die verschiedenen Löschmittel

Wasser	**Schaum**	**Gasförmige Löschmittel wie Stickstoff, CO_2**	**Pulver wie ABC, BC, M**

Tabelle 27: Typische Anwendungsbeispiele

	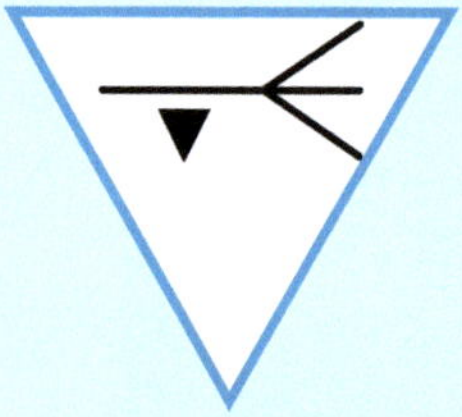	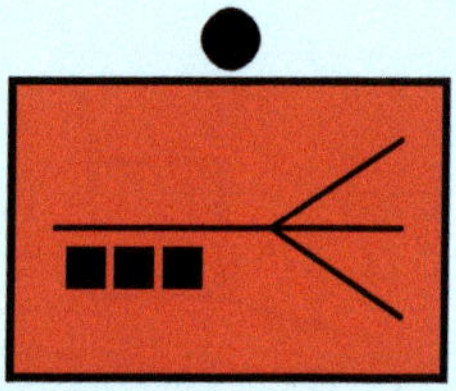
Universallöschfahrzeug als taktische Einheit	**Brandbekämpfung mit Schaum**	**Pulverlöschfahrzeug als taktische Einheit**

2.2.2 ABC-Abwehr

Der Bereich der ABC-Abwehr hat als Grundzeichen die Retorte, welche durch weitere Symbole spezifiziert wird.

Tabelle 28: Taktische Zeichen aus dem Bereich der ABC-Abwehr

Taktisches Zeichen der Fachaufgabe bzw. Tätigkeit	Herleitung	Erläuterung
		ABC-Schutz/CBRN-Schutz. Das taktische Zeichen zeigt eine stilisierte Retorte als Zeichen für Chemie, das Arbeitsgerät der Alchemisten im Mittelalter.
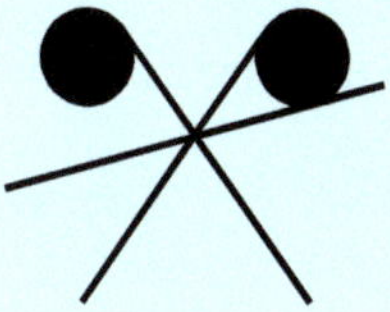		Das taktische Zeichen für Messen setzt sich zusammen aus der Retorte und dem Schrägstrich zur Erkundung, wie er in Abschnitt 2.2.12 beschrieben ist.
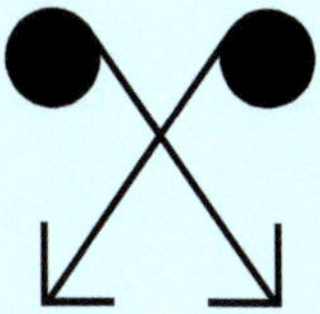		Als Grundzeichen findet sich das Retortenzeichen wieder, ergänzt durch Pfeile, die ein Ableiten der gefährlichen Stoffe darstellen sollen. Die Dekontamination kann sowohl bei Personen als auch bei Gerätschaften erfolgen.
		Ein Beispiel für die Kombination verschiedener Grundsymbole. Der obere Teil steht für Dekontamination, der untere Teil für Gewässer und bedeutet zusammen: Beseitigung von Umweltgefahren auf Wasser wie z.B. Ölschadenbekämpfung.

Hinzugekommen sind neue Symbole für die Differenzierung der Gefahren, wie in Tabelle 70 dargestellt.

2.2.3 Rettungs- und Sanitätsdienst

Der Begriff Rettungsdienst ist die Sammelbezeichnung für die Bereiche Notfallrettung und den qualifizierten Krankentransport. Der Begriff Sanitätsdienst bezeichnet häufig die medizinische Betreuung bei Veranstaltungen. Im Zusammenhang mit taktischen Zeichen umfasst diese Fähigkeit jedoch allgemein die Versorgung von verletzten und erkrankten Menschen. Vielmehr stehen die Fähigkeiten und Qualifikationen im Vordergrund. Diese werden bei Fahrzeugen (KTW, RTW, NEF etc.) schon durch die gesetzlichen Regelungen vorgegeben.

Bei taktischen Zeichen gibt es drei Stufen, die hinsichtlich der medizinischen Versorgung unterschieden werden können:

- Pflege
- Notfallmedizinische Behandlung
- Ärztliche Versorgung

Tabelle 29: Übersicht der Stufen medizinischer Versorgung

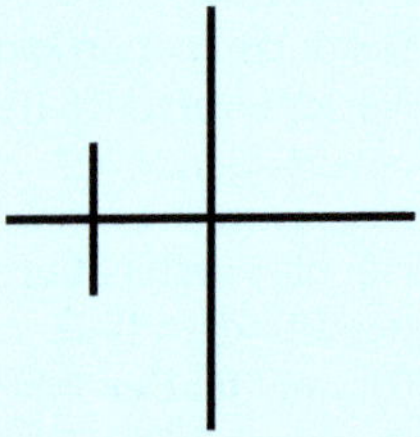	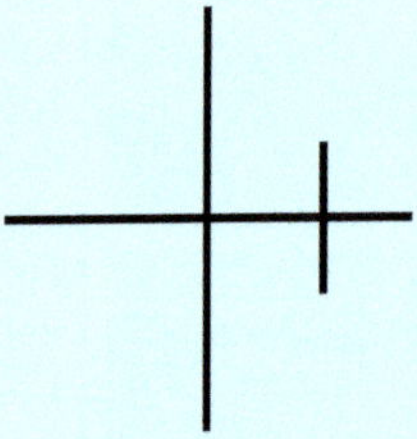	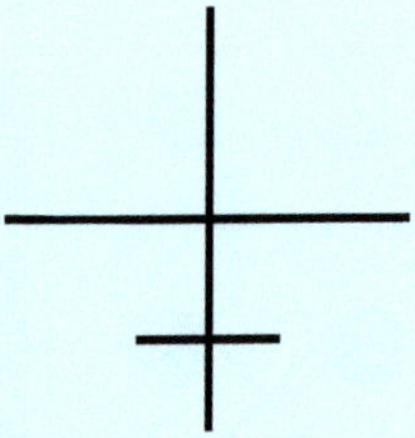
Pflege	**Behandlung durch Rettungsassistenten oder Notfallsanitäter**	**Ärztliche Versorgung**

2.2.4 Betreuung

Der Betreuungsdienst umfasst die vorübergehende Unterbringung, die Verpflegung sowie die psychische und soziale Betreuung. Dazu zählen

- die Verteilung von Gegenständen des dringendsten persönlichen Bedarfs (Ge- und Verbrauchsgüter wie beispielsweise Hygieneartikel, Geschirr, Besteck etc.)
- die Ausgabe von Bekleidung
- die Registrierung von Personen
- die Durchführung und Begleitung von Personentransporten, zum Beispiel bei Evakuierungen
- die Betreuung besonders hilfebedürftiger Personen wie beispielsweise älterer Menschen, behinderter Personen oder Eltern mit Kleinkindern
- die psychische Betreuung von Betroffenen.

Betreuungswesen ist nicht gleichzusetzen mit psychosozialer Notfallversorgung (PSNV), auch wenn beide Bereiche sich teilweise überschneiden. Das taktische Zeichen für Betreuung wird durch ein Dach symbolisiert, wie in der Tabelle 30.

Tabelle 30: Typische Zeichen im Bereich Betreuungswesen

Betreuung	Zelt	Unterbringung	Verpflegung	Seelsorge
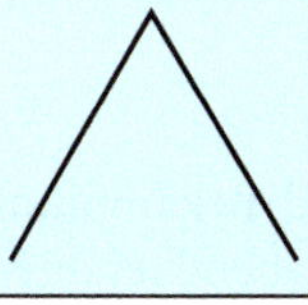	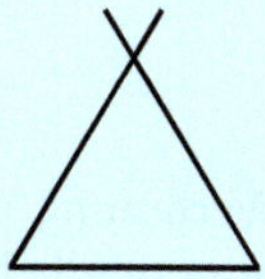	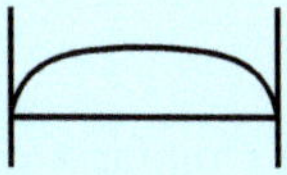		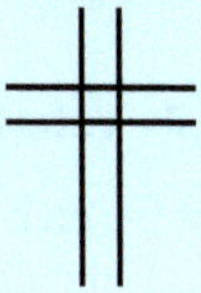

2.2.5 Seelsorge

Seelsorge und psychosoziale Notfallversorgung werden häufig gleichgesetzt. Der Begriff psychosoziale Notfallversorgung (PSNV) beinhaltet die Gesamtstruktur und die Maßnahmen der Prävention sowie der kurz-, mittel- und langfristigen Versorgung im Kontext von belastenden Notfällen bzw. Einsatzsituationen und wird in der DIN 13050 definiert.

Seelsorge ist in der DIN 13050 definiert als kurz- und mittelfristige seelsorgliche Betreuung von Überlebenden, Angehörigen, Hinterbliebenen und Zeugen von Notfällen durch hierfür speziell qualifizierte Seelsorger. Die Tätigkeit wird von Seelsorgern der Kirchen verschiedener Konfessionen wahrgenommen. Ein Polizei- oder Feuerwehrpfarrer ist also dem Bereich der Seelsorge zuzuordnen. Neu hinzugekommen ist der Stuhl zur Differenzierung von Sitz- und Schlafgelegenheiten. Siehe hierzu auch die Tabellen 30 und 35.

Kriseninterventionsteams (KIT) oder PSU-Teams zur psychosozialen Unterstützung sollten mit dem Sammelbegriff PSNV gekennzeichnet werden. Diese Unterscheidung mag dem einen oder anderen Leser kleinlich vorkommen. Bei einer Amoklage, bei der die Bereiche PSNV und Seelsorge sehr genau und in großem Umfang geplant werden müssen, ist eine Differenzierung wichtig. Die Seelsorge (alle Konfessionen) wird durch das Doppelkreuz dargestellt und ist in Tabelle 30 zu sehen.

2.2.6 Unterbringung

Unterbringung ist die Einrichtung und der Betrieb von Behelfs- und Notunterkünften für einen längeren Zeitraum. Auch bei dieser Fachaufgabe kommt es zu Überschneidungen mit der PSNV und dem Bereich Betreuung. Das Bett als Symbol in Tabelle 30, ist selbsterklärend.

2.2.7 Veterinärwesen

Der Bereich des Veterinärwesens umfasst die Verhütung und Bekämpfung von Tierseuchen, den Schutz von Menschen vor gesundheitlichen Gefahren durch Krankheitserreger tierischen Ursprungs, die Überwachung der Tierhygiene, die Einrichtung von Tiergesundheitsdiensten, das Erhalten von Leben und Wohlbefinden der Tiere, Leiden von Tieren zu verhindern sowie die Schlachttier- und Fleischuntersuchung.

Die Aufgaben werden von Fachtierärzten wahrgenommen. Tabelle 31 zeigt das Grundzeichen für den Bereich Veterinärwesen am Beispiel eines Fachberaters.

Die Darstellung von Tieren erfolgt analog zu Personen, indem das taktische Zeichen für den Veterinärbereich mit einem Strich bzw. einem Kreuz ergänzt wird. Tabelle 31 zeigt die typischen Darstellungen. Eine Ausnahme bilden Such- und Rettungshunde. Sie werden als stilisierter Hund dargestellt und haben die Bedeutung „biologische Ortung“.

Tabelle 31: Veterinärwesen

	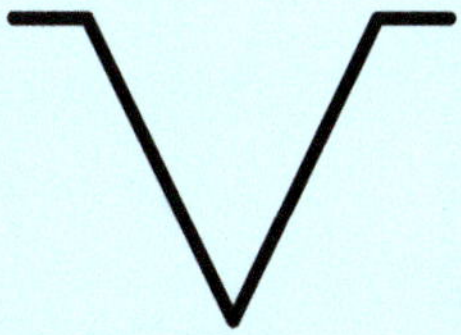	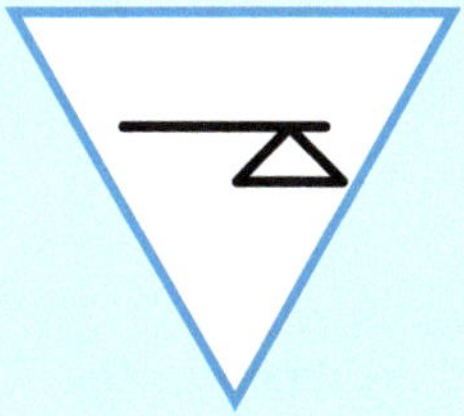
Fachberater Veterinärwesen	**Tier**	**Schlachten**

Eine Veterinärlage ist selten, bedarf dann jedoch trotzdem einer Lagedarstellung. Für eine solche Fachlage gibt es die Zeichen in Tabelle 32.

Tabelle 32: Fachzeichen im Veterinärwesen

	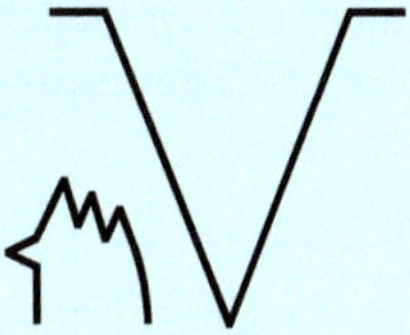	
Schaf	**Huhn**	**Pferd**

Tabelle 32: Fachzeichen im Veterinärwesen *(Forts.)*

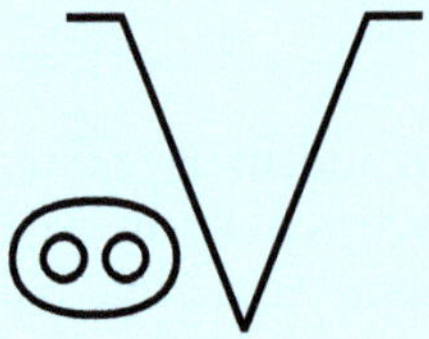		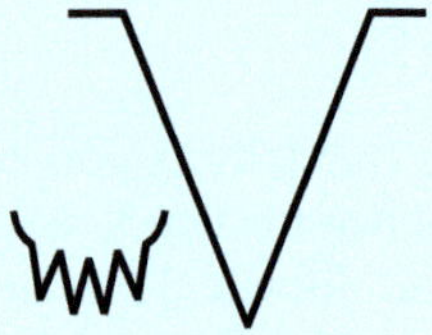
Schwein		**Rind**
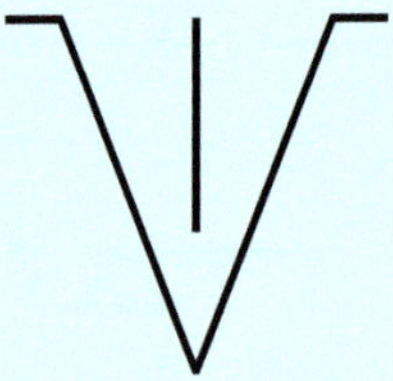	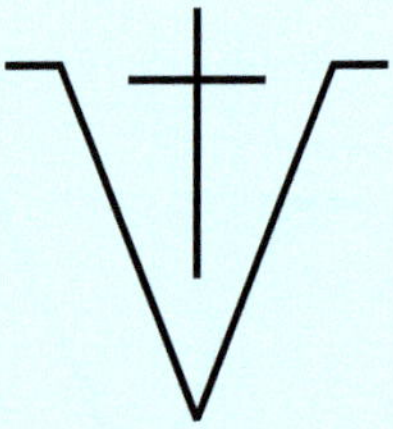	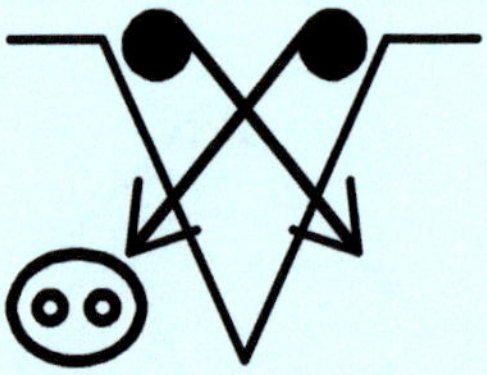
erkranktes Tier	**totes Tier**	**kontaminiertes Schwein**

Das taktische Zeichen des Beiles in der Tabelle 31 steht für Schlachten, wobei Schlachten im Zusammenhang mit Gefahrenabwehr als fachgerechtes Töten zu verstehen ist und nicht der Herstellung von Fleisch als Lebensmittel dient. Typische Einsatzszenarien für das Schlachten im Bereich der Gefahrenabwehr sind z.B.:

- Töten von Tieren beim Brand in einem landwirtschaftlichen Anwesen
- Töten von Tieren im Rahmen von Tierseuchenbekämpfung
- Töten von Tieren nach einem Verkehrsunfall aufgrund ihrer Verletzung

2.2.8 Versorgung und Logistik

Die Begriffe Versorgung, Nachschub und Logistik werden heutzutage häufig gleichbedeutend genutzt, obwohl es Unterschiede gibt:

Nachschub ist die Tätigkeit, die dafür sorgt, dass alles Verbrauchs- und Gebrauchsmaterial, Ersatzteile, Verpflegung usw. den Einheiten bedarfsgerecht zugeführt wird. Nachschub umfasst das Einkaufen von Wurst, Käse, Brötchen und Getränken, Kraftstoffen etc. und den Transport zur Versorgungs-/ Einsatzstelle. Nachschub wird daher auch „nur" mit einem dünnen Strich am unteren Rand gekennzeichnet, wie Tabelle 33 zeigt. Nachschub ist also ein Teilbereich der Versorgung.

Versorgung umfasst dabei dann alle Dienstleistungen, die notwendig sind, um die Einheiten einsatzfähig zu machen bzw. zu halten. Angefangen von der Verpflegung über die Versorgung mit Bekleidung und Ausrüstung bis hin zu den Wartungs- und Instandsetzungsarbeiten. Auch der Koch, der die Nachschubgüter zubereiten kann, zählt zum Aufgabenbereich der Versorgung. Versorgung ist damit die umfassendere Tätigkeit.

Einheiten und Stellen, die Aufgaben aus dem Bereich der Versorgung oder Logistik wahrnehmen, werden am unteren Rand des taktischen Zeichens mit einem dicken schwarzen Balken gekennzeichnet. Dies gilt sowohl für Einheiten und Stellen, aber auch für Personen und Fahrzeuge.

Merke: Versorgung ist die „Grundlage" für alles. Deshalb kommt der Balken nach unten.

Tabelle 33: Begriffe der Logistik

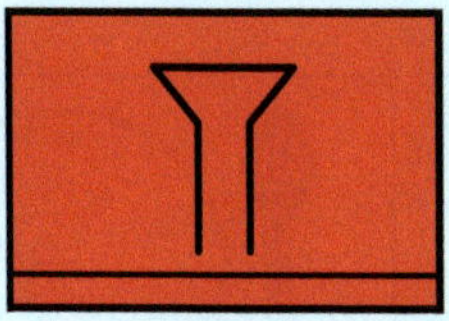	
Nachschub	**Versorgung**

Tabelle 33: Begriffe der Logistik *(Forts.)*

	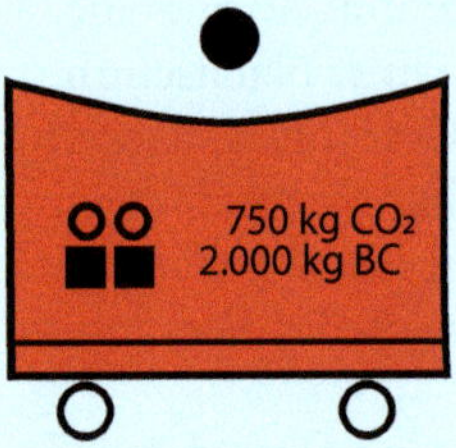
GW-Atemschutz/StrSchu	**GW-Sonderlöschmittel**

■ Instandhaltung, Instandsetzung, materielle Infrastruktur

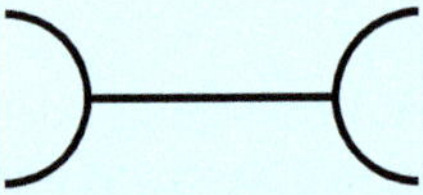	Der Doppelmaulschlüssel dient als Symbol für den Bereich der Instandhaltung. Als taktische Einheit findet man Instandsetzungseinheiten bei der nichtpolizeilichen Gefahrenabwehr vor allem beim THW und den Hilfsorganisationen. Bei den Feuerwehren sind oft Abrollbehälter mit Abstützmaterial vorhanden, welche mit diesem Zeichen gekennzeichnet sind.

■ Verpflegung

Die Verpflegung umfasst den Bereich Essen und Getränke für Einsatzkräfte. Tabelle 34 zeigt verschiedene Symbole im Zusammenhang mit Verpflegung. Bei der Kaltverpflegung (Getränke und Snacks) handelt es sich um einen stilisierten Laib Brot, bei dem ein Stück fehlt. Die Ergänzung um einen Kochlöffel symbolisiert die Warmverpflegung.

Tabelle 34: Getränke und Verpflegung

	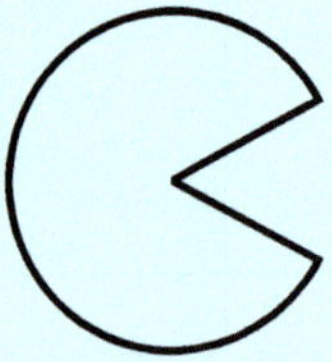	
Getränke	**Kaltverpflegung**	**Warmverpflegung**

In den aktuellen Empfehlungen gibt es kein Symbol für Getränke. Als Ersatz kann das Symbol für Trinkwasser genutzt werden. In einigen Fällen ist jedoch eine Differenzierung notwendig und man verwendet dann das spezifischere Symbol des Getränkebechers.

Tabelle 35: Ergänzende Symbole im Bereich Logistik

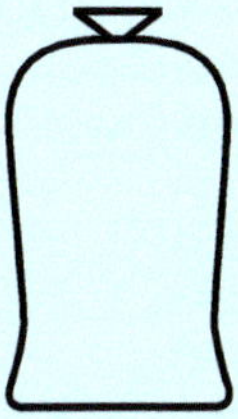	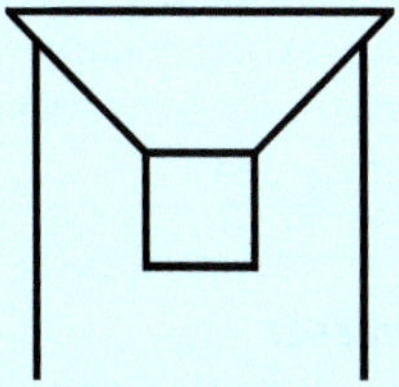	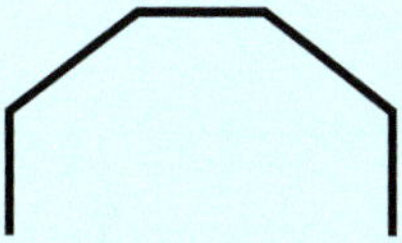
Sandsack	**Sandsackbefüllung**	**Schnelleinsatzzelt ohne Stangen, z.B. luftgestützt**
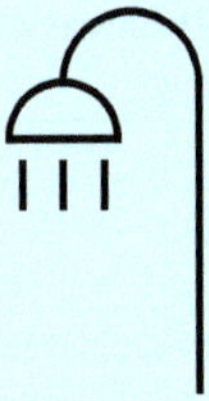	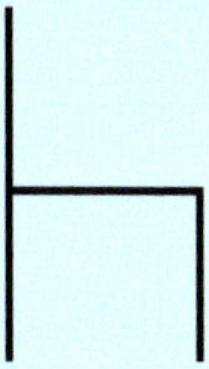	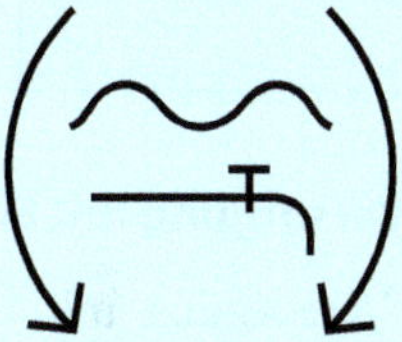
Dusche	**Sitz**	**Trinkwasseraufbereitung**

■ Nachschub von Verbrauchsgütern und Betriebsstoffen

Der Nachschub beinhaltet sowohl Betriebsstoffe (Öl, Diesel, Super, E10, Kühlwasser) als auch die Versorgung mit Einzelverbrauchsgütern, wie z.B. Batterien.

Versorgung mit Trinkwasser

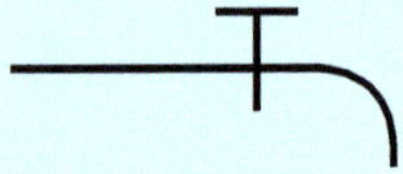

Typischer Anwendungsfall ist die Versorgung mit Tankwagen oder Zapfstellen für die Bevölkerung. Trinkwasser ist Wasser für den menschlichen Bedarf und nicht zu ersetzen. Die Güteanforderungen an Trinkwasser sind in Deutschland in der Trinkwasserverordnung (TrinkwV) festgelegt und damit eindeutig beschrieben. Bei Ausfall der öffentlichen Trinkwasserversorgung oder bei Kontamination des Trinkwassers muss die Bevölkerung dementsprechend mit Trinkwasser versorgt werden.

Versorgung mit Betriebswasser

Die Begriffe **Brauchwasser** und **Betriebswasser** sind **nicht immer eindeutig normativ getrennt**. In der Praxis gibt es Überschneidungen, vor allem, wenn Wasser innerhalb von Gebäuden oder technischen Anlagen wiederverwendet wird. Betriebswasser ist Wasser, das keine Trinkwasserqualität besitzt, aber z.B. zum Löschen geeignet ist.

Versorgung mit Elektrizität

Die Versorgung mit Elektrizität bezieht sich auf die mobile Stromversorgung. In erster Linie sind das Netzersatzanlagen (NEA). Bei kleineren Aggregaten zur Stromerzeugung spricht man von Stromerzeugern (SEA). Diese dienen dazu, kurzfristig und schnell Strom zu erzeugen. Die Leistung solcher Stromaggregate beträgt zwischen einem und 20 kVA. Bei größeren Anlagen spricht man von Netzersatzanlagen. Diese sind für den längeren Einsatz ausgelegt und leisten zwischen 20 und 300 kVA. Häufig können diese Anlagen zusammengeschaltet und synchronisiert werden, um anschließend in ein vorhandenes Stromnetz einspeisen zu können. Eine NEA wird nicht einfach eingeschaltet wie ein Stromerzeuger, sondern muss gestartet und je nach Last kontrolliert auf Volllast gefahren werden. Versorgung mit Elektrizität bedeutet also, dass Aggregat und Fachpersonal vorhanden sind. Das Anliefern eines Stromerzeugers oder der Austausch eines defekten Aggregates ist Nachschub.

■ Versorgung mit Informations- und Kommunikationstechnik

In der heutigen Zeit erhält die Datentechnik an der Einsatzstelle eine immer größere Bedeutung. Bild, Daten und Sprachübertragungen sind Stand der Technik. Das umfangreiche Equipment bedarf Fachleuten und einer Logistikplanung wie andere Betriebsstoffe oder Werkzeuge. Die Zeichen in Tabelle 36 setzen sich aus den Zeichen zur Darstellung von IuK und Logistik zusammen.

Tabelle 36: Beispiele aus dem Bereich IuK

■ Entsorgung

Bei Großschadenslagen und Katastrophen, welche über Wochen und Monate dauern, treten häufig auch Schäden an der Infrastruktur auf, welche zu Problemen im Entsorgungsbereich führen. Der Mülleimer wurde daher als Symbol für den Bereich Entsorgung eingeführt. Die Tabelle 37 zeigt Beispiele.

Tabelle 37: Beispiele im Bereich Entsorgung

Platz zur Entsorgung	**AB-Mulde für Entsorgung**

2.2.9 Führung und Leitung

Innerhalb der eigenen Kräfte bilden die Leitungs- und Führungsstellen einen wichtigen Teil zur Bewältigung der Schadenslage.

Wie in der Einleitung zu den Grundzeichen bereits erläutert, gibt es verschiedene Möglichkeiten zur Kennzeichnung der Führungstätigkeit bzw. der beteiligten Personen, Stellen und Einheiten.

Das Fachsymbol für die Tätigkeit Führung ist der Flaggenstock, die Verantwortlichkeit wird mit einem dicken schwarzen Balken im Kopf des Zeichens symbolisiert, die Führungsunterstützung durch einen schmalen waagerechten Strich. Erinnern wir uns an die Einführung. Taktische Zeichen sind eine Sprache, mit der man mit verschiedenen Zeichen Gleiches zum Ausdruck bringen kann. Entscheidend sind der Kontext und dass der Betrachter das Richtige versteht.

Tabelle 38: Symbolik im Bereich Führung

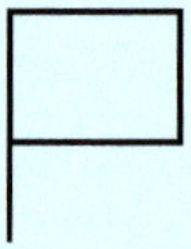	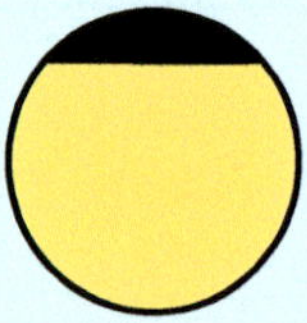	
Flaggenstock	**Verantwortliche Führung**	**Führungsunterstützung am Beispiel eines Fachberaters**

2.2.10 Information und Kommunikation (IuK), Fernmeldewesen

Der Bereich IuK umfasst das klassische Fernmeldewesen mit Aufbau von Funknetzen mit Relaisstellen im 2-m- und 4-m-Band, Drahtverbindungen im Bereich Telefonie, Satellitentelefonie, Weitverkehrsverbindungen und den Bereich Digitalfunk. Mit zunehmender Verschmelzung von Telefonie, Funk und PC-Technik umfasst der Bereich IuK auch den Aufbau von drahtgebundenen Netzwerken oder Funknetzwerken.

In der Regel sind Fernmeldeverbindungen vorgeplant und in Form von SER bekannt. In größeren Einsatzlagen kommt ein S6 zum Einsatz, um die Fernmeldelage zu führen. Für den Bereich der technischen Fernmeldeplanung gibt es ebenfalls Fachzeichen.

Tabelle 39: Übersicht der Fachzeichen im Bereich IuK

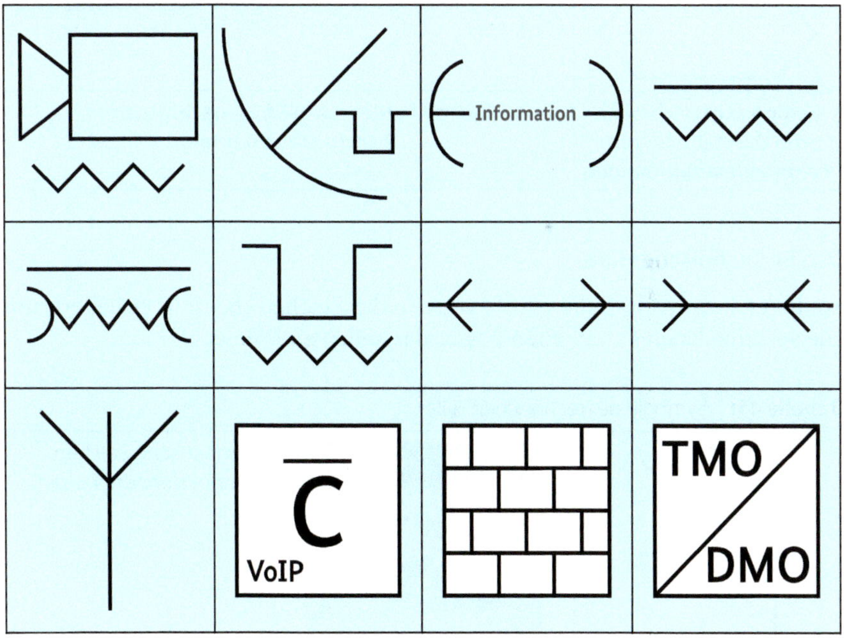

Tabelle 39: Übersicht der Fachzeichen im Bereich IuK *(Forts.)*

Für die Darstellung der Verbindungen wird das Bedingungszeichen genutzt. Wie auch andere taktische Zeichen wird es mit Zusatzinformationen ergänzt.

Tabelle 40: Darstellung von Kommunikationsverbindungen

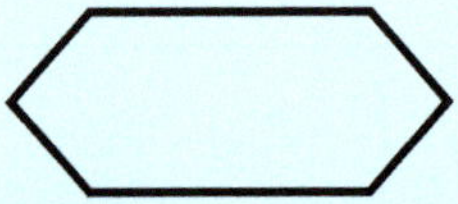	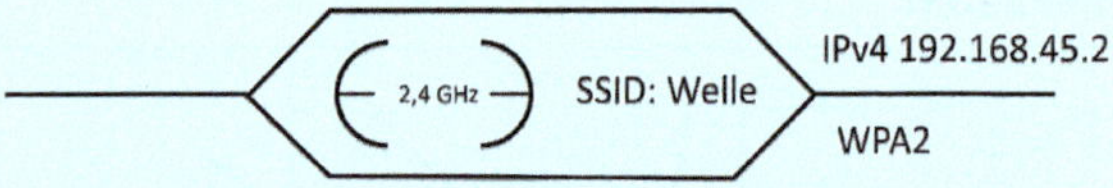
Bedingungszeichen für die Darstellung von Fernmeldeverbindungen	**Beispiel einer mit WPA2 verschlüsselten Richtfunkverbindung**

2.2.11 Technische Hilfe

Im Bereich der technischen Hilfe wurden die Zeichen ebenfalls erweitert, um die verschiedenen Fähigkeiten besser darstellen zu können.

Tabelle 41: Symbole der technischen Hilfe

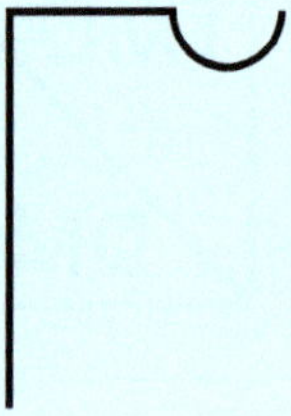		Das taktische Zeichen symbolisiert einen Kran.

Tabelle 41: Symbole der technischen Hilfe *(Forts.)*

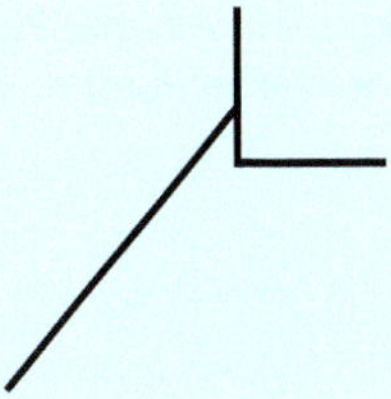		Da auch immer mehr Teleskopstapler zum Einsatz kommen, wurde das Zeichen neu in die Empfehlungen mit aufgenommen.
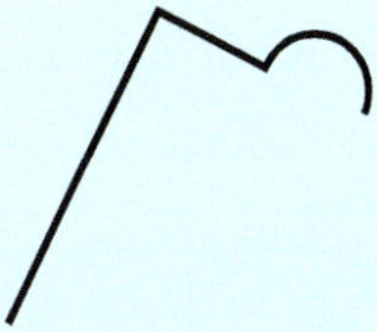		Neu hinzugekommen ist das Symbol eines Baggers.
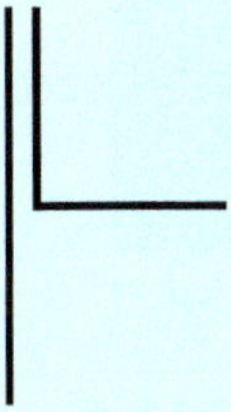		Das Zeichen symbolisiert die Gabel eines Gabelstaplers.
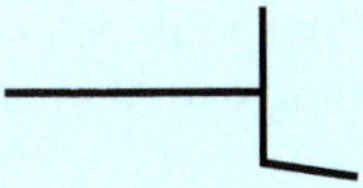		Das taktische Zeichen symbolisiert das Räumschild.
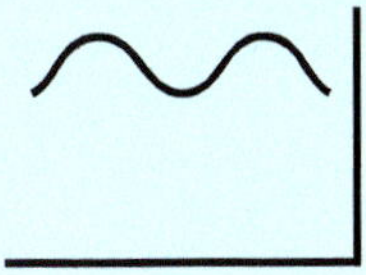		Das Zurückhalten von Wasser kann bei der Wasserbevorratung genutzt werden oder auch bei der Löschwasserrückhaltung.

Tabelle 41: Symbole der technischen Hilfe *(Forts.)*

		Dargestellt wird das Pumpenrad einer Pumpe.

Betrachten wir am Beispiel der Pumpe den Wert von taktischen Zeichen.

Tabelle 42: Vergleich von Text und Symbolik bei taktischen Zeichen

	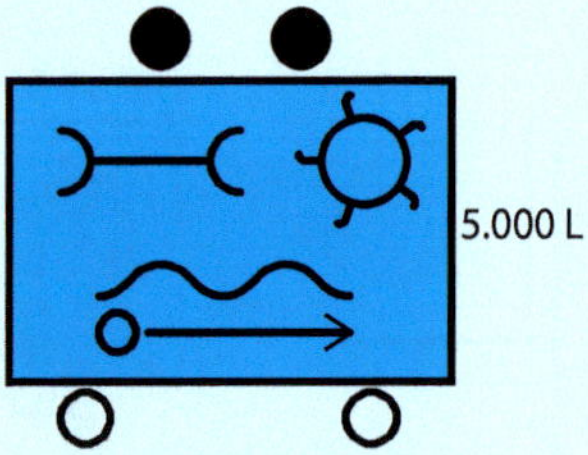
WP-Einheit THW	**Taktisches Zeichen**

Der Vergleich in Tabelle 42 zeigt, dass man anhand der Symbolik den taktischen Wert erkennen kann, während man bei Verwendung der Abkürzung genau wissen muss, was sich dahinter verbirgt.

Weitere Symboliken, die neu hinzugekommen sind, findet man in der folgenden Tabelle.

Tabelle 43: Neue Fachsymbole zur Darstellung von Fähigkeiten

		Das Zeichen für Bergrettung zeigt eine Person auf einem Berg und ist nicht für den Bereich der Höhenrettung (SRHT).
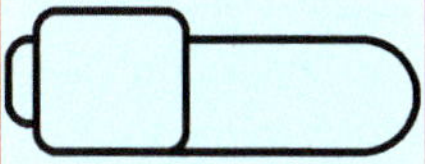		Das Symbol der Kettensäge findet vor allem Anwendung bei klimabedingten Einsatzlagen.
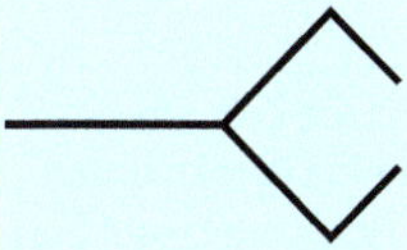	 Quelle: Telerob Gesellschaft für Fernhantierungstechnik mbH	Zur Darstellung der Fähigkeit des Fernmanipulierens durch Roboter/Drohnen wurde das Zeichen neu aufgenommen.
	 Quelle: @fire	Vor allem für den Bereich der Vegetationsbrandbekämpfung gibt es das neue Symbol der Handarbeit mit Werkzeugen.

Tabelle 43: Neue Fachsymbole zur Darstellung von Fähigkeiten *(Forts.)*

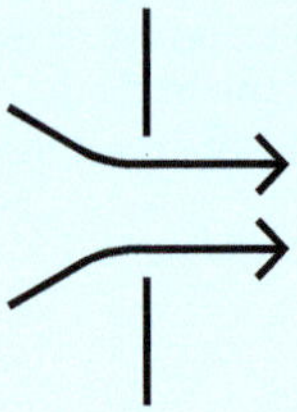	 Quelle: Torsten Bodensiek	Das Symbol zur Belüftung zeigt den Eintrag von Luft in ein Objekt.
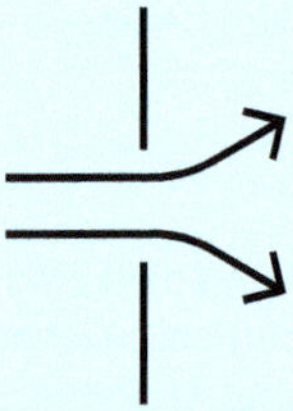		Das Gegenstück zur Belüftung ist die Entlüftung. Dies kann genutzt werden, um Strömungspfade klar zu kennzeichnen.
		Das taktische Zeichen symbolisiert eine Person unter Wasser. Typischer Einsatz dieses Symbols ist ein GW-Wasserrettung oder ein Wasserrettungszug.

2.2.12 Erkunden, orten und überwachen

Im Rahmen der Lagefeststellung gibt es verschiedene Maßnahmen, die das Ziel haben, die Lage zu erfassen. Dies sind zum einen die Erkundung, aber auch die verschiedenen Möglichkeiten der Ortung oder die Überwachung. Die Symbole können sowohl im Zusammenhang mit Maßnahmen genutzt werden als auch zur Kennzeichnung von Einheiten, welche diese Fähigkeiten haben.

Tabelle 44: Zeichen aus dem Bereich der Lagefeststellung

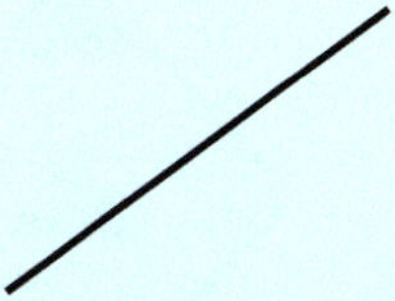	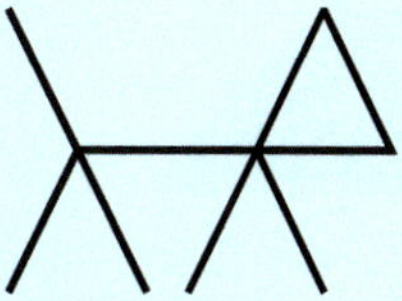
Erkundung hat das Ziel, durch Augenbeobachtung oder andere Mittel Informationen über Gefahren, deren Ausdehnung und Wirkung, über Schäden und betroffene Personen sowie Informationen über meteorologische, hydrografische oder geografische Gegebenheiten eines bestimmten Gebiets zu gewinnen.	Die **biologische Ortung** in der nichtpolizeilichen Gefahrenabwehr ist typischerweise die Personensuche mit Rettungshunden.
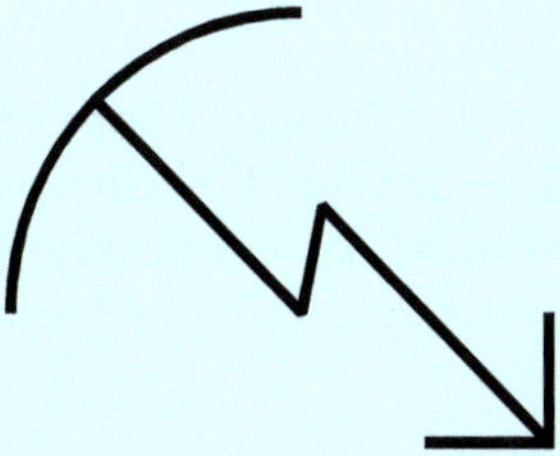	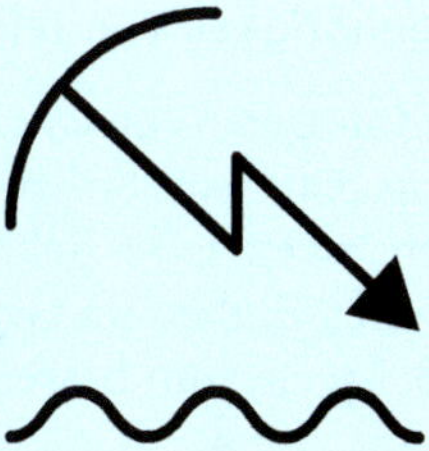
Die **technische Ortung** hat ein eigenes Symbol und bietet weitere Möglichkeiten, um z.B. Personen oder Tiere zu finden.	Das Beispiel für technische Ortung im Wasser zeigt, wie man durch Kombination von Zeichen Fähigkeiten ausdrücken kann.

Zur besseren Unterscheidung der verschiedenen Tätigkeiten kann man auch das Zeichen für Überwachung aus dem militärischen Bereich nutzen [17]. Tabelle 45 zeigt exemplarisch die Anwendung.

Überwachung ist die systematische Beobachtung von Personen, Objekten oder Orten durch Personen oder mit technischen Hilfsmitteln. Es ist nicht gleichzusetzen mit Erkunden.

Tabelle 45: Beispiel für den Einsatz des Zeichens für Überwachung

	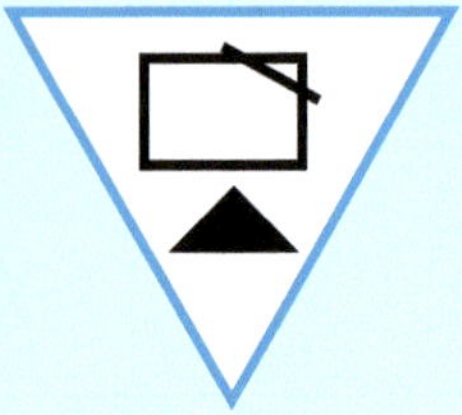	
Grundzeichen für Überwachen	**Maßnahme Überwachen der Bauwerksschäden**	**Lookout im Rahmen der Vegetationsbrand-bekämpfung**

2.3 Taktische Einheiten und deren Gliederung

2.3.1 Zugehörigkeit von Teileinheiten

Größenordnungen taktischer Einheiten sind z.B. Trupp, Gruppe, Staffel, Zug, Bereitschaft usw. Sollen Teileinheiten, die in anderen Einheiten verwendet werden, zweifelsfrei gekennzeichnet werden, ist das Größenzeichen der nächsthöheren Einheit im Grundzeichen zu verwenden. Tabelle 46 zeigt zwei typische Beispiele zum besseren Verständnis.

Tabelle 46: Zugehörigkeit von Teileinheiten

Zugtrupp	Führungsstaffel Bereitschaft
	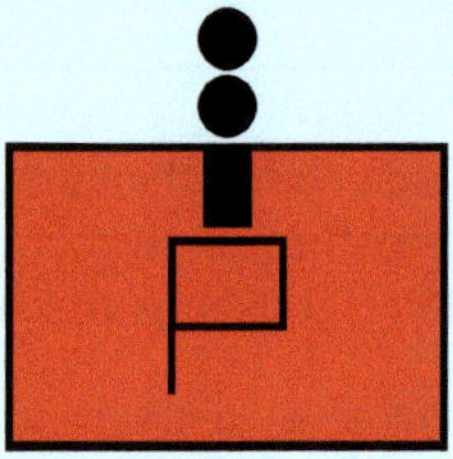

2.3.2 Task Force

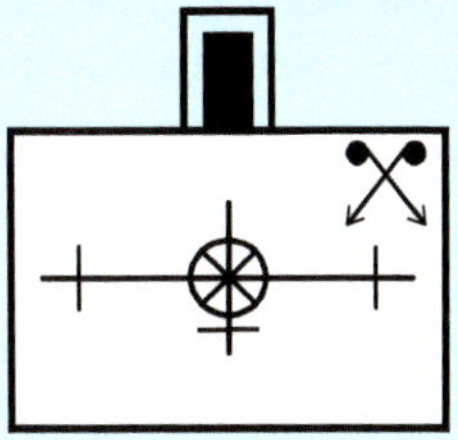	Im Zusammenhang mit den Angaben zur Größenordnung bei taktischen Einheiten gibt es eine Besonderheit, die hier kurz vorgestellt werden soll. Eine „Task Force[1]" wird durch einen kleinen viereckigen Kasten oberhalb der taktischen Größenordnung gekennzeichnet [13]. Die Kennzeichnung als Task Force kann sich auf unterschiedliche Größenordnungen beziehen.

2.4 Personen

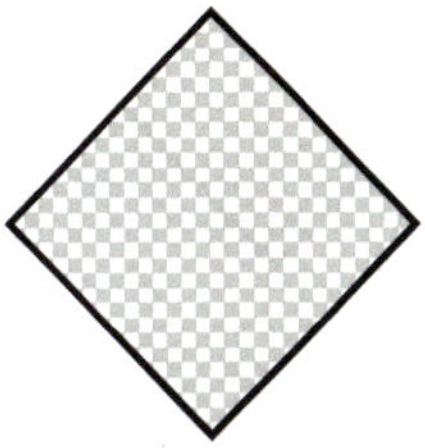

Grundzeichen für Person

Personen werden als auf der Spitze stehendes Quadrat dargestellt. Dieses Grundzeichen für Personen wird dann durch verschiedene Zusatzangaben ergänzt. Die Zugehörigkeit zu einer Organisation wird durch das flächige Ausfüllen des Grundzeichens mit der jeweiligen Farbe aus Tabelle 9 dargestellt. Ein Feuerwehrmann würde demnach rot, ein Polizist in Grün dargestellt werden. Ähnlich wie auch bei dem taktischen Zeichen für eine Formation wird ein Personenzeichen mit Zusatzangaben ergänzt, wie z.B. Farbe, Fähigkeit und anderen Grundeigenschaften. Da das Zeichen auch für die Darstellung von Verletzten genutzt wird, können auch weitere Angaben wie Alter, Geschlecht, Name, Auffindeort, Verletzung, Sichtungskategorie etc. notwendig sein. Abbildung 19 zeigt die grundsätzlichen Möglichkeiten, während Tabelle 47 Beispiele zeigt.

2.4.1 Führungskräfte

Führungskräfte werden in der Spitze durch ein schwarz ausgefülltes Dreieck gekennzeichnet. Die Darstellung kann ergänzt werden durch Zeichnen der farblichen Zuordnung zur Organisation oder der Funktion. In einigen Fällen

[1] Eine Task Force ist ein temporärer Zusammenschluss von Einheiten mit verschiedenen Fähigkeiten zur Durchführung eines bestimmten Auftrags.

bedarf es der Unterscheidung zwischen Qualifikation und Funktion. Dies lässt sich unterscheiden durch eine flächige Darstellung für die Funktion oder für die Qualifikation nur den Rahmen. Zum besseren Verständnis sind in Tabelle 47 einige Beispiele dargestellt.

Tabelle 47: Darstellung von Führungskräften in verschiedenen Ausprägungen

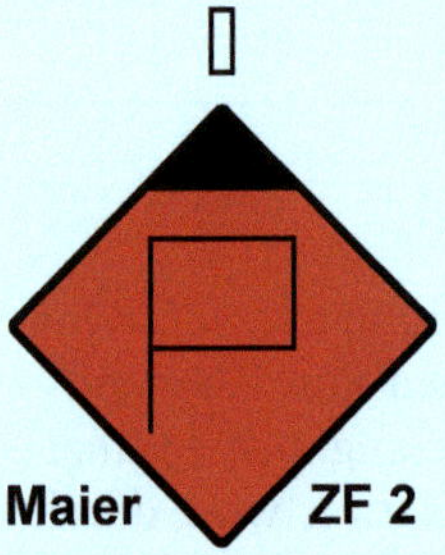	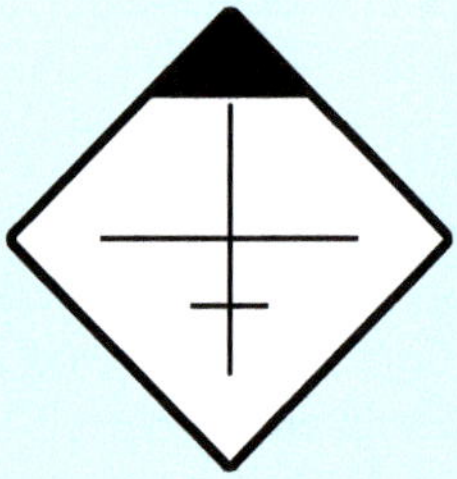	
Maier, Zugführer vom zweiten Zug, ist qualifiziert als Verbandsführer	**Leitender Notarzt**	**Kreisbrandmeister**
	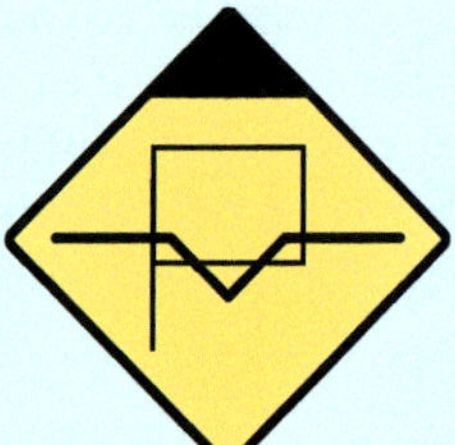	
Fachberater Luft, der die Einsatzleitung in fachlichen Fragen zu Luftfahrtthemen berät	**Koordinator Luft, der bei mehreren Luftfahrzeugen die Koordination, also Führung, übernimmt**	**Luftbeobachter der Feuerwehr, welcher erkundet**

2.4.2 Zivile Personen

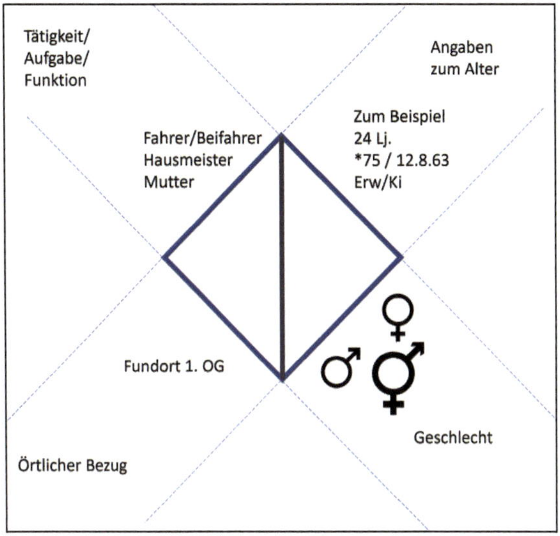

Abbildung 19: Typische Positionen von Zusatzangaben bei Personen

Tabelle 48: Beispiele zur Darstellung von Zivilisten

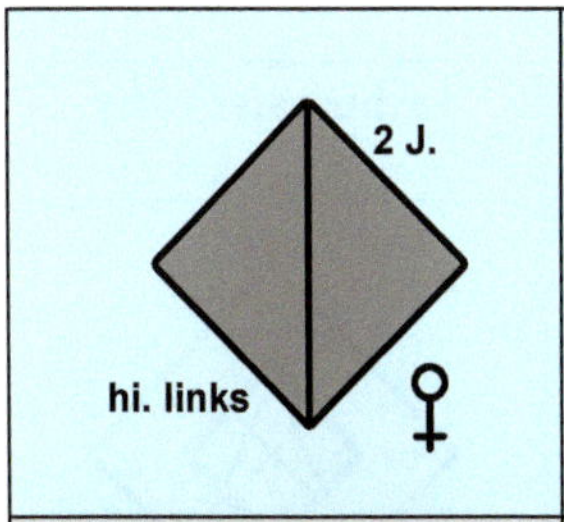	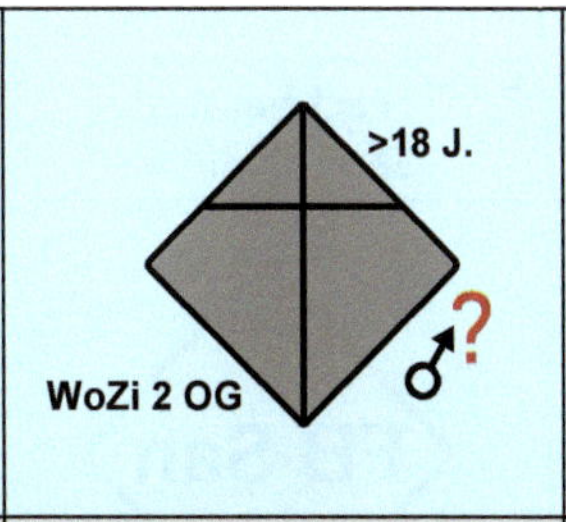	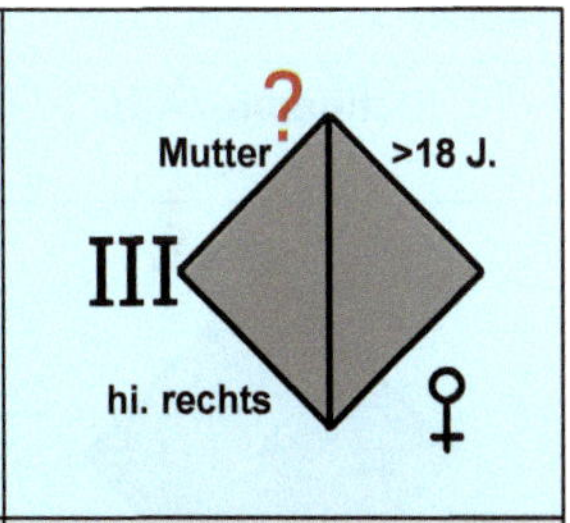
Verletztes Mädchen, 2 Jahre alt, saß im Auto hinten links	**Erwachsene tote Person, Geschlecht noch unklar, Auffindeort Wohnzimmer 2. OG.**	**Verletzte, erwachsene Frau, SK 3, vermutlich Mutter des Kindes, saß im Auto hinten rechts**

Durch die Ergänzung der Farbe Grau für Zivilisten ist auch die Darstellung von verschiedenen Zivilisten möglich.

Tabelle 49: Beispiele von zivilen Personen

		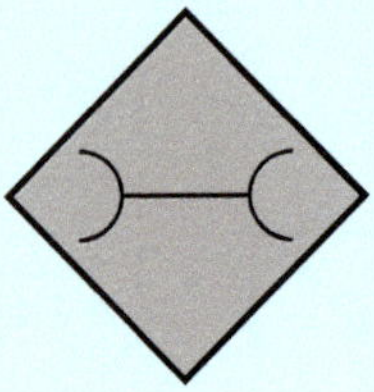	
Arzt	**Elektriker**	**Schlosser**	**Tierarzt**

2.4.3 Sonderfunktionen

Sonderfunktionen sind z.B. Fachberater, Veranstaltungsleiter oder auch Betriebsverantwortliche. Bei der Gestaltung der Zeichen kann man auf die Aufgabensymbole zurückgreifen, einen Text als Kurzbezeichnung wählen oder auch die Kombination von beidem. Wichtig ist immer: Was versteht der Betrachter!

Tabelle 50: Fachberater

Fachberater ABC	Fachberater Sanitätsdienst	Fachberater PSNV

Tabelle 51: Beispiele für Stabsfunktionen

Einsatzleiter	S1	S2.2
Einmal mit Symbol		
Einmal mit Text		

2.4.4 Spontanhelfer

In den Empfehlungen 2025 wurde ein neues Zeichen für Spontanhelfer eingeführt. Damit kann man zivile Personen von Spontanhelfern unterscheiden.

Die Tabelle 52 zeigt die Anwendung des neuen Zeichens für Spontanhelfer.

Tabelle 52: Anwendung der Zeichen für Spontanhelfende

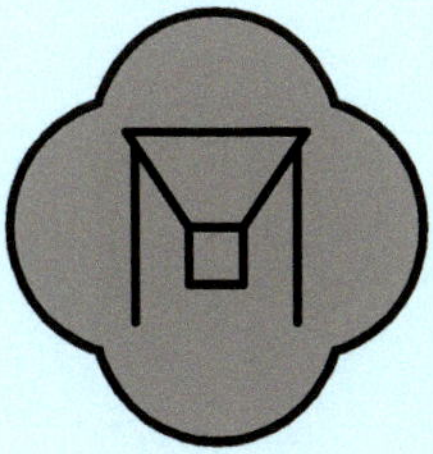		
Spontanhelfer für das Füllen von Sandsäcken	**Sammelstelle für Spontanhelfer**	**Spontanhelfer mit der Qualifikation Elektriker**

2.5 Raum, Behälter, Ressource

Schon in den alten Empfehlungen gab es das Quadrat als Zeichen für Funkgeräte. Da das Zeichen in verschiedenen Kontexten verwendet wird, ist es konsequenterweise in die Grundzeichen mit aufgenommen worden.

Tabelle 53: Beispiele für die Nutzung des Quadrats

	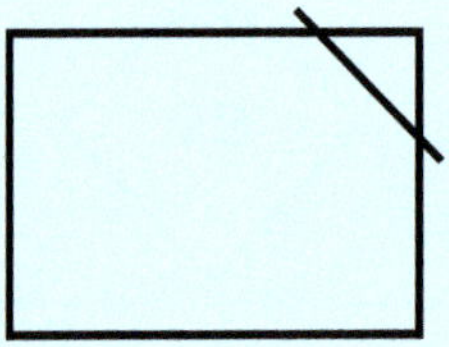	
HRT	**Angeschlagener Raum**	**Rollwagen mit Pumpen**

Legt man den Begriff des Behälters zugrunde, müsste ein Abrollbehälter logischerweise als Behälter dargestellt werden und nicht wie bisher mit dem Grundzeichen des Landfahrzeugs. Wir kommen im Kapitel 2.6.5 Wechselbehälter erneut dazu.

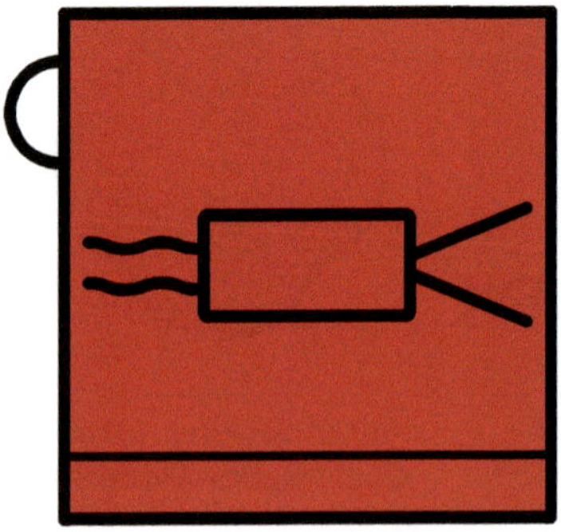

Abbildung 20:
Abrollbehälter mit Nachschubmaterial für den Bereich TH

2.6 Fahrzeuge

Fahrzeuge stellen einen wesentlichen Teil der Einsatzmittel dar, die zur Schadensbekämpfung genutzt werden. Fahrzeuge gehören daher mit zu den am häufigsten verwendeten taktischen Zeichen bei der Lagedarstellung. Dabei ist der taktische Wert der Fahrzeuge entscheidend. Im Kapitel 1.3.4 haben wir bereits den Unterschied zwischen technischem und taktischem Einsatzwert erläutert. Mit den Empfehlungen 2024 wurden die drei Grundzeichen der Tabelle 54 um das Luftfahrzeug ergänzt.

Tabelle 54: Grundzeichen für Fahrzeuge

Landfahrzeug	**Luftfahrzeug**	**Wasserfahrzeug**

Bei den drei Grundzeichen handelt es sich um die technische Darstellung eines konkreten Einsatzmittels. Es gibt durchaus Lagen, bei denen es sinnvoll ist, ein einzelnes Fahrzeug darzustellen. Beispielsweise das gepanzerte Fahrzeug eines Ministers aus Tabelle 57 oder ein spezielles Sonderlöschfahrzeug.

In den meisten Fällen geht es aber immer um die Darstellung einer taktischen Einheit, also einer Formation. Egal ob RTW, RTH, HLF oder Feuerlöschboot. Alle kommen in der Regel als Einheit, bestehend aus Mannschaft und Gerät, zum Einsatz. Da es keine verbindlichen Vorgaben gibt, ist die Kombination aus technischer und taktischer Darstellung durchaus möglich und auch sinnvoll, wenn man z.B. die Formation um die Antriebsart ergänzt. Bei Luftfahrzeugen und Booten findet man in der Praxis häufig die technische Darstellung eines einzelnen Luftfahrzeuges oder Bootes. Die Darstellung als taktische Einheit ist jedoch möglich und korrekt. Die Tabelle 55 zeigt einige Beispiele zur Verdeutlichung.

Tabelle 55: Beispiele taktischer Einheiten auf Basis von einzelnen Einsatzmitteln

	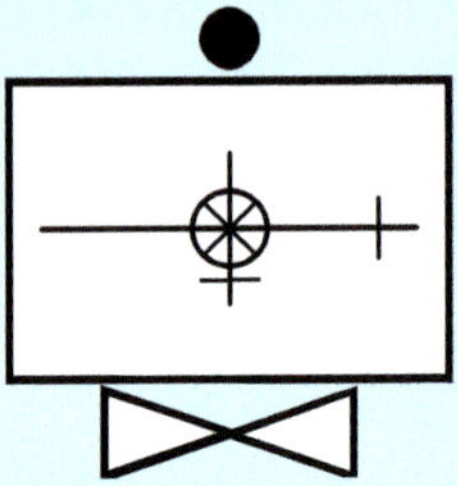	
Staffel mit der Fähigkeit Brandbekämpfung mit Straßenantrieb → LF	**Trupp der medizinischen Rettung mit Arztqualifikation, der mit einem Rotor fliegt → RTH**	**Staffel für die Brandbekämpfung, die auf dem Wasser fährt → Löschboot**

	Ein weiteres wichtiges Symbol zur weiteren Spezifikation von Fahrzeugen ist die Drohne. Die meisten Leser würden das Zeichen vermutlich im Kontext Luftfahrzeuge vermuten. Der Begriff Drohne beschreibt allgemein jedoch ein unbemanntes Fahrzeug, das ferngesteuert oder autonom agieren kann.

Abbildung 21: Grundzeichen für Drohne

In den meisten Fällen bezieht sich der Begriff auf unbemannte Luftfahrzeuge (UAV – Unmanned Aerial Vehicles), aber es gibt auch Drohnen für den Land-, Wasser- oder Unterwassereinsatz.

Typische Drohnenarten:

- Luftdrohnen (UAVs): Multikopter (z. B. Quadrokopter), Starrflügler
- Bodendrohnen (UGVs – Unmanned Ground Vehicles): z. B. autonome Transportfahrzeuge oder Erkundungsroboter
- Wasserdrohnen (USVs – Unmanned Surface Vehicles): z. B. ferngesteuerte Boote zur Gewässerüberwachung

- Unterwasserdrohnen (UUVs – Unmanned Underwater Vehicles): z.B. Tauchroboter für Forschung oder Bergung

Tabelle 56: Beispiele für verschiedene Drohnen

Quadrokopter	**Manipulator**	**Überwasserdrohne**

2.6.1 Landgebunden

Bei landgebundenen Fahrzeugen handelt es sich im Bereich der Gefahrenabwehr in der Regel um ungepanzerte Fahrzeuge. Tabelle 57 zeigt links das entsprechende Grundzeichen eines ungepanzerten Fahrzeugs mit Straßenantrieb. Rechts handelt es sich um ein gepanzertes Fahrzeug der Bundesregierung, z.B. beim Besuch eines Ministers.

Tabelle 57: Fahrzeugtypen

	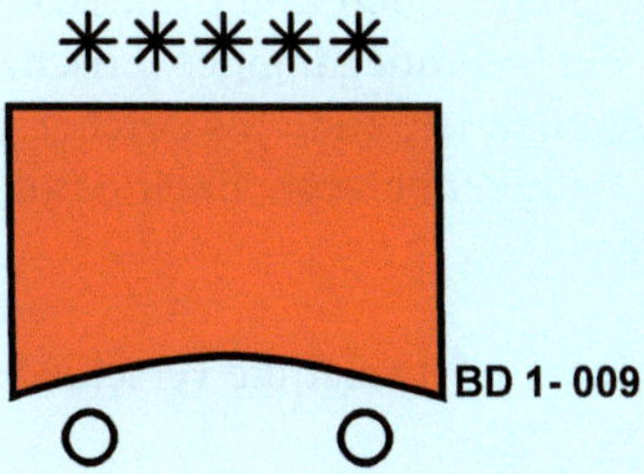
Ungepanzertes Fahrzeug mit Straßenantrieb	**Gepanzertes Fahrzeug, z.B. bei einem Ministerbesuch**

Taktische Zeichen für Fahrzeuge bauen sich genauso auf wie taktische Formationen. Sie bestehen immer aus:

- Grundzeichen → aus Tabelle 5
- Organisationsfarbe → aus oder der textlichen Abkürzung
- Angaben zur Eigenbeweglichkeit → aus Tabelle 58
- Fachaufgabe → aus Abschnitt 2.2
- Zusatzangaben nach Lage wie: Zeiten, Bewegungsrichtung aus Tabelle 23

Die Grundform wird dann mit der entsprechenden Fachaufgabe und der Farbe kombiniert. Das Zeichen wird ergänzt durch die Angabe zur Eigenbeweglichkeit, der Stärke oder anderen Zusatzangaben wie Bewegungsrichtung, Zeitangaben, Funkrufnamen etc. Beim Betrieb von Anhängern bzw. Abrollbehältern ist je nach Situation die Darstellung mit dem Zugfahrzeug sinnvoll.

■ Eigenbeweglichkeit oder auch Antriebsart

Sowohl bei der technischen Darstellung eines einzelnen Fahrzeuges als auch bei der taktischen Darstellung einer Einheit mit Hilfe des Zeichens „Formation“, kann mit der Darstellung der Antriebsart die Beweglichkeit beschrieben werden. Die Eigenbeweglichkeit von Einheiten wird unterhalb des Zeichens dargestellt. Die Eigenbeweglichkeit wird in erster Linie für die technische Darstellung bei einzelnen Fahrzeugen eingesetzt. Sie kann jedoch auch unter taktischen Formationen geführt werden. So kann z.B. ein geländegängiger Löschzug, der für die Waldbrandbekämpfung vorgesehen ist, auch als solcher gekennzeichnet werden. Wichtig ist, dass sich die Eigenbeweglichkeit dann auch auf alle Fahrzeuge dieser Formation bezieht.

Die **Tabelle 58** zeigt die verschiedenen Antriebsarten im Vergleich.

Tabelle 58: Antriebsarten zur Darstellung der Eigenbeweglichkeit

Straßenantrieb, Kat 1	**Geländefähig, Kat 2**	**Geländegängig, Kat 3**

Amphibisch	**Kettenantrieb**	**Kraftfahrzeug, aufgleisbar**

Schienenfahrzeug		

■ Zweiräder

Die Zeichen dienen der Darstellung von Fahrrädern, Mopeds und Motorrädern. Typische Einsatzbereiche sind Kradmelder, Melderfahrräder oder Einsatzmittel im Zusammenhang mit First-Respondern bei Veranstaltungen.

Da es sich um ein landgebundenes Fahrzeug handelt, wird es als Fahrzeug dargestellt, in Kombination mit der Organisationsfarbe und den Angaben zur Eigenbeweglichkeit.

Tabelle 59: Darstellung von Zweirädern

 0175-1238906	
Fahrrad	**Motorrad**

2.6.2 Luftfahrzeuge

In den Bereich der Luftfahrzeuge fallen Hubschrauber, UAVs oder Flächenflugzeuge.

Tabelle 60: Symbole aus dem Bereich der Luftfahrzeuge

	Die Schwinge ist das allgemeine Zeichen für den Bereich Luftfahrt.
	Die Propeller wurden beibehalten und stehen jetzt für Starrflügler oder Flächenflugzeuge.
	Für den Bereich der Hubschrauber wird das Zeichen aus dem militärischen Bereich genutzt.

Tabelle 60: Symbole aus dem Bereich der Luftfahrzeuge *(Forts.)*

	Streng genommen stellen die beiden schwarzen, flächig gefüllten Zeichen die Kennzeichnung von militärischen Luftfahrzeugen dar. Das linke Zeichen dagegen einen zivilen Hubschrauber. Die aktuellen Empfehlungen unterscheiden dies jedoch nicht. Die Differenzierung kann auch über die Organisationsfarbe erfolgen.

Die Unterscheidung zwischen Rotoren und Tragflächen erfolgt nach den neuen Empfehlungen über die Form, wie in Tabelle 60 dargestellt. Bei Bedarf kann man auch zwischen militärischen Luftfahrzeugen und zivilen unterscheiden, auch wenn dies in den Empfehlungen nicht explizit vorgesehen ist.

Dies ist in der Praxis hilfreich, wenn z.B. mittlere Transporthubschrauber Sandsäcke transportieren.

Tabelle 61: Verschiedene Luftfahrzeuge

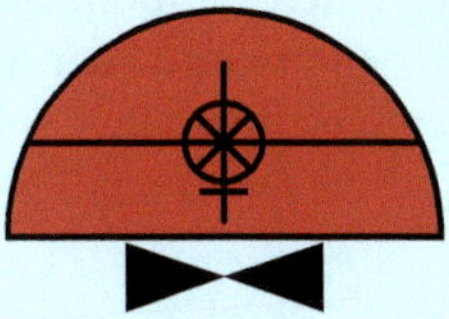		
RTH	**Erkundungsflugzeug**	**Quadrokopter**

Tabelle 61 zeigt die technische Darstellung von Luftfahrzeugen. Stellt man die Einheiten taktisch dar, wird wieder das Zeichen der Formation genutzt wie in Tabelle 62.

Tabelle 62: Taktische Formation von Luftfahrzeugen

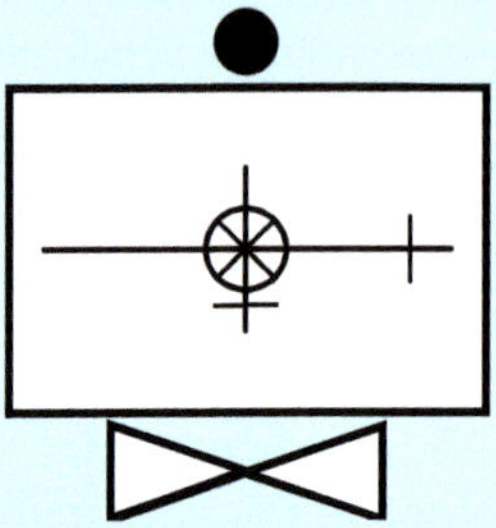	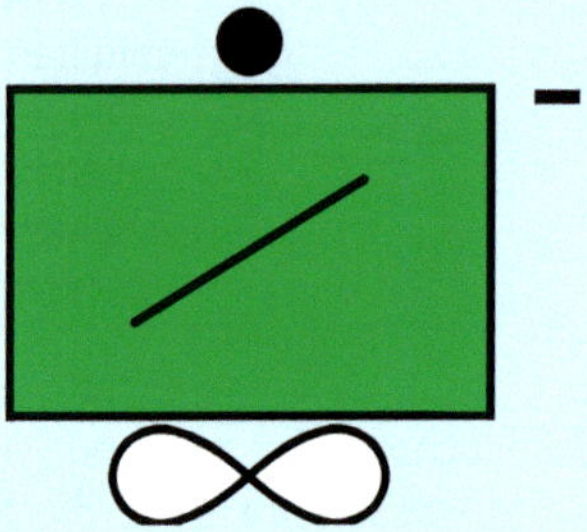
RTH mit Arzt und zum Transport von Patienten. Ein Hubschrauber als Notarzt-zubringer hat z.B. kein Transportrad.	**Erkundungsflugzeug, Trupp besetzt, aber vermindert, da nur zwei Personen mitfliegen.**

2.6.3 Wasserfahrzeuge

Das taktische Zeichen symbolisiert den Bootskörper eines Bootes. Die Boote dieser Größenklasse wie in Tabelle 63 haben keinen Motor. Bei Booten mit Außenborder wird das taktische Zeichen ergänzt durch einen symbolisierten Heckspiegel zur Befestigung eines Motors. Die verschiedenen Grade der Motorisierung werden dann über senkrechte Striche gekennzeichnet.

Tabelle 63: Übersicht der Boote

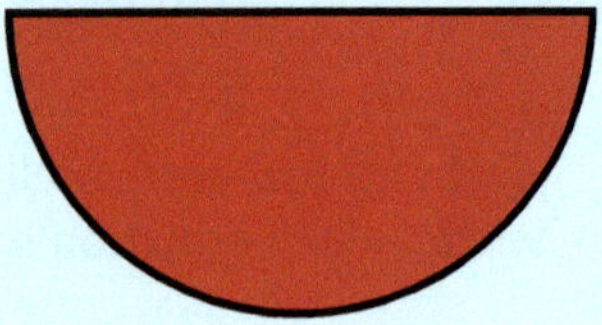	

Tabelle 63: Übersicht der Boote *(Forts.)*

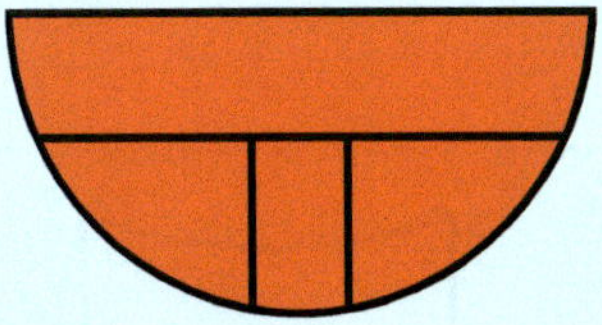	
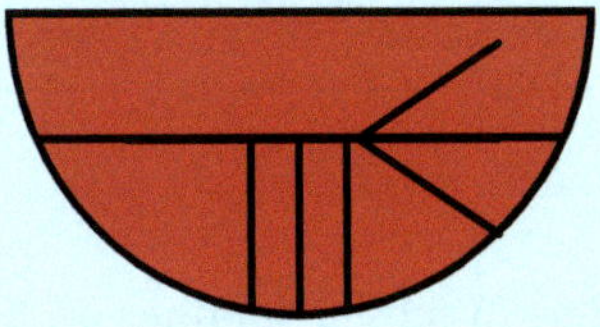	

Tabelle 64: Anwendungsbeispiele Boote aus der Praxis

	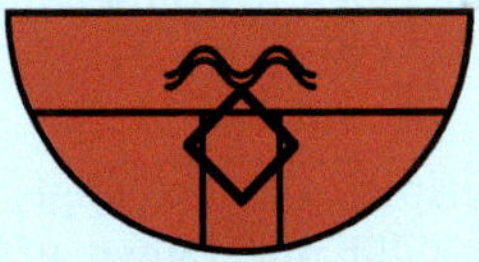	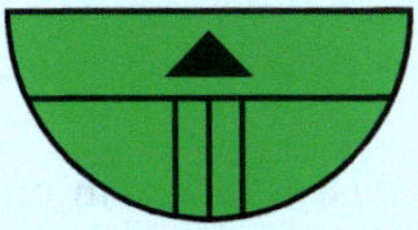
Schlauchboot mit einfacher Motorisierung für Taucher	**Taucherboot der Feuerwehr**	**Boot der Wasserschutzpolizei zur Überwachung**

2.6.4 Anhänger

Anhänger erkennt man an der angedeuteten Deichsel auf der linken Seite. Die linke Abbildung in Tabelle 65 zeigt die Ausführung als Kugelkopfkupplung, die rechte Grafik als Maulkupplung. Diese Unterscheidung macht

Sinn, da mit manchen Lkw auch Anhänger mit Kugelkopfkupplung gezogen werden können. Die beiden Räder symbolisieren einen einachsigen (Kugelkopf) und einen zweiachsigen[1] (Maulkupplung) Anhänger.

Tabelle 65: Anhänger

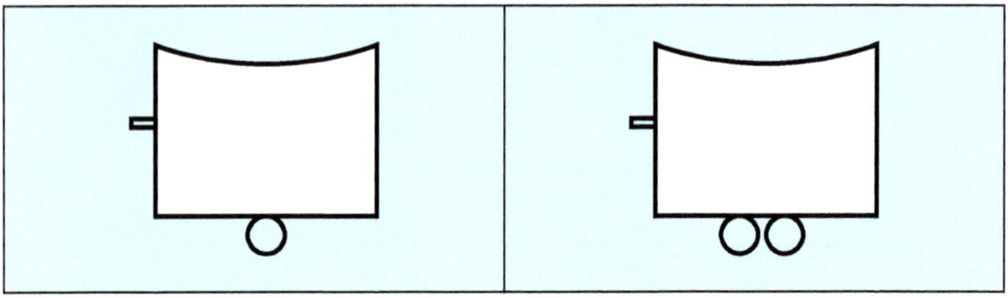

2.6.5 Wechselbehälter

Seit Jahren werden Abrollbehälter und andere Wechselcontainer im Bereich der Gefahrenabwehr eingesetzt, um Ausrüstung und Verbrauchsmaterial zu transportieren. Um die spezifischen Eigenschaften solcher Wechselbehälter darzustellen, wurden dafür in den Empfehlungen 2024 neue Zeichen aufgenommen. Anhand der spezifischen Darstellung der Aufziehvorrichtung wird unterschieden, ob es sich um einen Abrollbehälter (AB), eine Wechselbrücke oder einen Container, der gekrant werden muss, handelt.

Dies ist wieder ein gutes Beispiel, welches zeigt, was alles dargestellt werden kann. Da taktische Zeichen für alle Lagen und Führungsstufen ausgelegt sind, kommt es darauf an, die geeignete Darstellung zu verwenden. In vielen Fällen ist diese detaillierte Darstellung nicht notwendig. Wenn man aber in einem wochenlangen Einsatz die Logistik von Hilfsgütern in ein Katastrophengebiet koordinieren muss, ist es durchaus von Interesse, wo welche Behälter stehen und mit welchen Fahrzeugen diese transportiert werden können.

[1] In der Praxis gibt es auch Kugelkopfkupplungen bei zweiachsigen Anhängern (Tandemachse). Hier geht es aber um die Zugvorrichtung.

Leider enthalten die Empfehlungen 2025 im Abschnitt der Wechselbehälter mehrere fehlerhafte Darstellungen, welche zur Verwirrung führen, da die Logik zur Darstellung nicht eingehalten wird. Zum einen wurde das bisherige Zeichen der Landfahrzeuge weiterverwendet, obwohl in den Grundzeichen der Behälter eingeführt wurde. Zum anderen enthalten die Darstellungen bei genauer Betrachtung logische Fehler in der Kombination der Elemente. Zur Klarstellung gibt die Tabelle 66 einen Überblick über die Anwendung von taktischen Zeichen bei Wechselbehältern. Die roten Kreise dienen nur dem Hinweis auf die Unterschiede und sind nicht Teil der Zeichen.

Tabelle 66: Symbolik zur Darstellung von Wechselaufbauten

	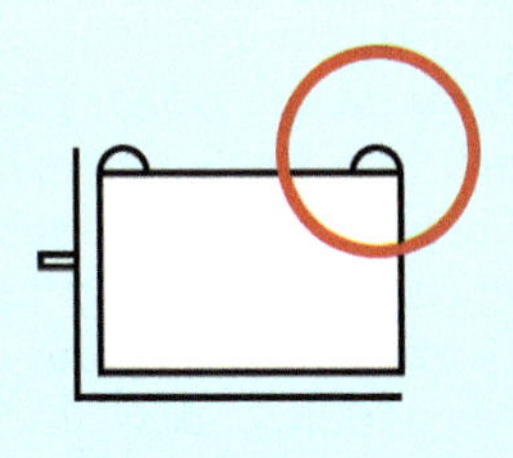	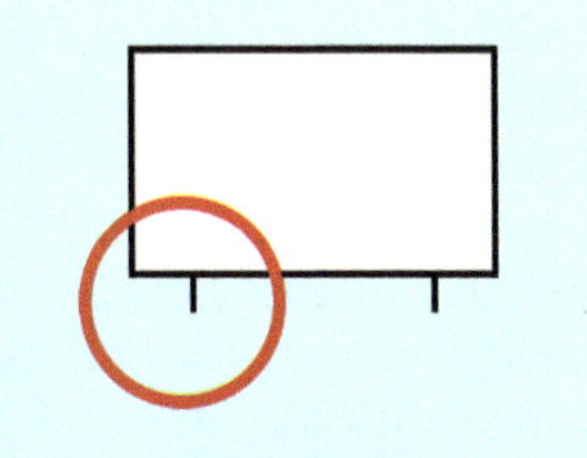
Wechsellader mit Abrollbehälter	**Anhänger für Wechselbehälter zum Kranen**	**Absetzbehälter**
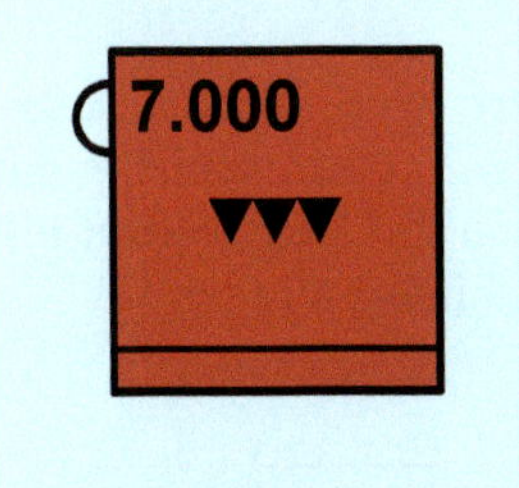		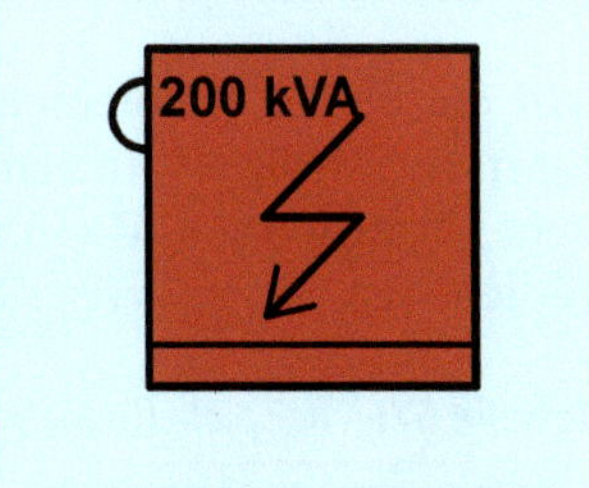
Abrollbehälter Schaum	**Wechselbrücke für den Bereich IuK und EL**	**Abrollbehälter mit Generator zur Stromversorgung**

Die Tabelle 66 zeigt in der oberen Zeile verschiedene Wechselladerfahrzeuge mit unterschiedlichen Systemen zur Aufnahme der Wechselbehälter.

2.7 Maßnahmen

Zur Darstellung der eingeleiteten oder durchzuführenden Maßnahmen wird die Tätigkeit in einem Dreieck gezeichnet, wie bereits bei den Grundzeichen erläutert. Typische Beispiele sind in Tabelle 67 dargestellt. Die durchzuführenden (also geplanten) Maßnahmen werden gestrichelt dargestellt, die eingeleiteten mit durchgezogener Linie. Abgeschlossene Maßnahmen sind von der Lagekarte wieder zu entfernen. Die Dokumentation erledigter Maßnahmen erfolgt über das Einsatztagebuch.

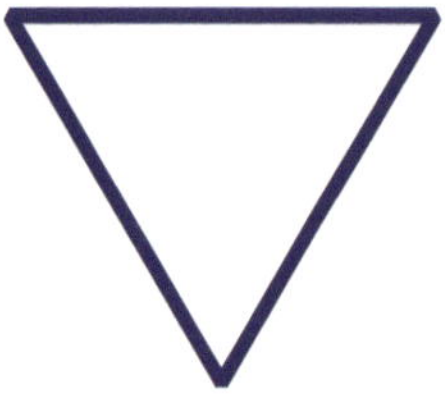

Grundzeichen für Maßnahme

Maßnahmen beziehen sich meistens auf Räume oder Punkte, an denen sie durchgeführt werden. Die Zuordnung erfolgt daher wie üblich durch eine Linie, die Zeichen und Bereich bzw. Stelle miteinander verbindet. Auch bei den Maßnahmen gilt der Grundsatz „Nichts doppelt darstellen". Ein Punkt, der als Lotsenstelle gekennzeichnet ist, benötigt kein Maßnahmen-Zeichen mehr, dass dort auch gelotst wird. Gleiches gilt für einen Dekontaminationsplatz. Auch hier ist es selbstverständlich, dass an einem Dekontaminationsplatz die Maßnahme „Dekontamination" durchgeführt wird, und sie muss nicht mehr extra gezeichnet werden. Ein Einsatzbeispiel der Maßnahme „Warnen" findet man auch in Tabelle 68.

Mit den neuen Empfehlungen wurden auch mehrere neue Zeichen eingeführt. In Tabelle 67 sind einige dieser neuen Zeichen im Zusammenhang mit dem Grundzeichen Maßnahme aufgeführt. Die neuen Zeichen können natürlich auch mit anderen Grundformen sinnvoll kombiniert werden.

Tabelle 67: Beispiele für Maßnahmen

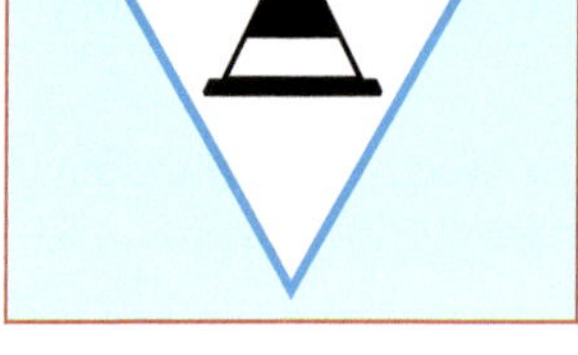	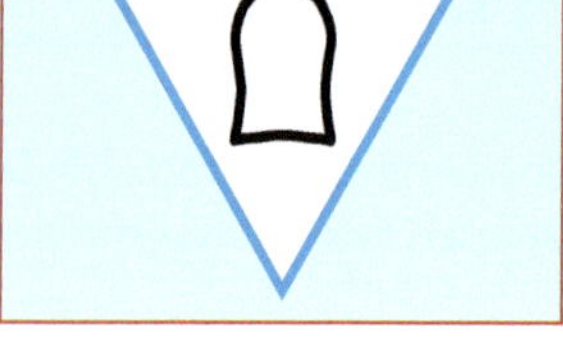	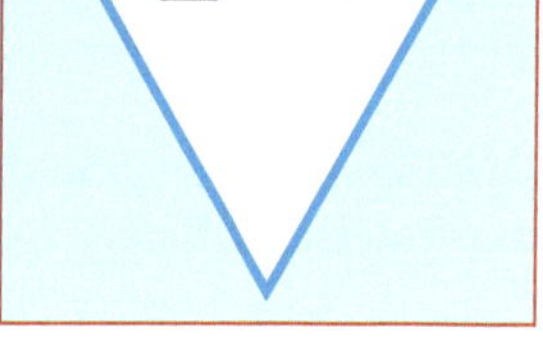

Tabelle 67: Beispiele für Maßnahmen *(Forts.)*

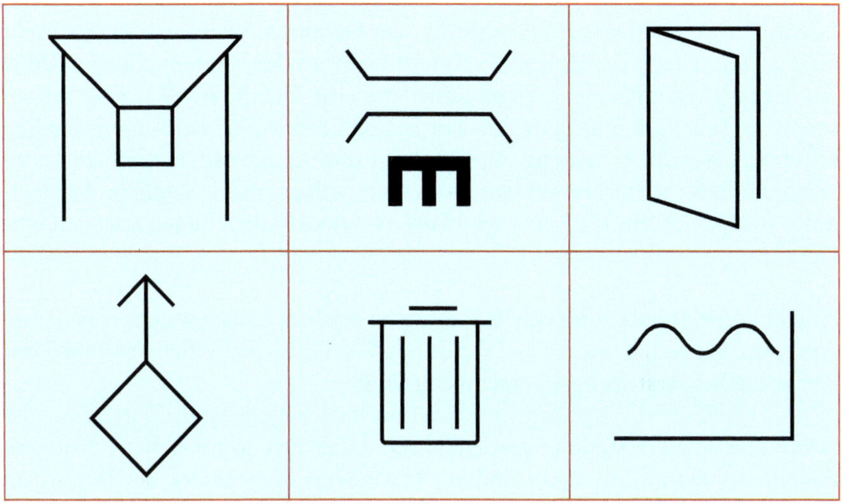

■ Warnen und informieren

Eine Warnung der Bevölkerung wird durch einen symbolisierten Lautsprecher oder eine Sirene dargestellt, ergänzt um den Beginn und den Inhalt der Warnung. In der Lagekarte wird der Bereich der Warnung durch die Angabe des Raumes ergänzt. Neu hinzugekommen ist das Zeichen für Information mittels Anzeigen.

Tabelle 68: Warnung und Information der Bevölkerung

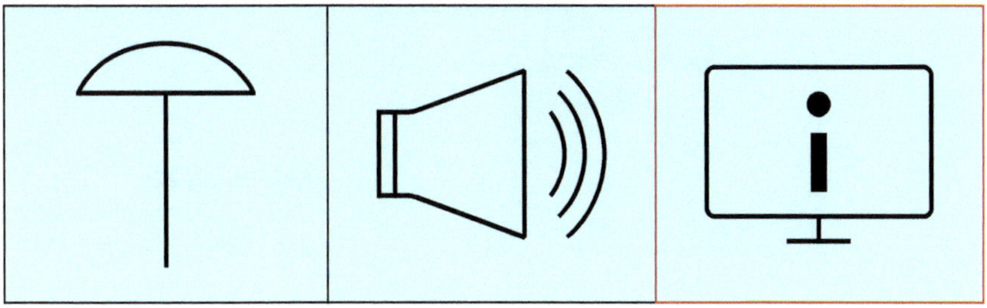

2.8 Gefahren und Schäden

Nicht ganz einfach ist die Darstellung von Gefahren. Dies liegt nicht so sehr an der Darstellung der Zeichen, sondern mehr an der Abgrenzung, was denn ein Schaden ist, also ein Ereignis, und was eine Gefahr ist. Wir sind darauf schon in Tabelle 8 eingegangen. Am Beispiel Explosion kann man deutlich erkennen, warum es wichtig ist, Gefahren und Ereignisse deutlich zu kennzeichnen bzw. zu unterscheiden, da es zwei völlig unterschiedliche Sachverhalte sind. Auch ein teilzerstörtes Haus ist sowohl ein Schaden als auch eine Gefahr.

Auch bei der Darstellung von Wasser ist es wichtig zu überlegen, was dargestellt werden soll, denn die Gefahr durch Wasser ist nicht gleichzusetzen mit der Schadensdarstellung Überschwemmung.

Sinnvoll ist die Darstellung von Gefahren daher nur, wenn sich die Notwendigkeit der Handlung ergibt und ein besonderes Augenmerk der Einsatzleitung erfordert. Eine überschwemmte Wiese, die keine Gefahr darstellt, wird daher anders dargestellt. Abbildung 22 zeigt einmal die Darstellung als Gefahr und einmal eine Überschwemmung.

Abbildung 22:
Unterschied zwischen Gefahr und Überschwemmung

Zeichnerisch werden Gefahren als Dreieck dargestellt, analog zu anderen Gefahrenhinweisen. Die Tabelle 69 und die Tabelle 70 zeigen einige Beispiele für Gefahren bzw. Anwendungen.

Tabelle 69: Grundzeichen für Gefahren

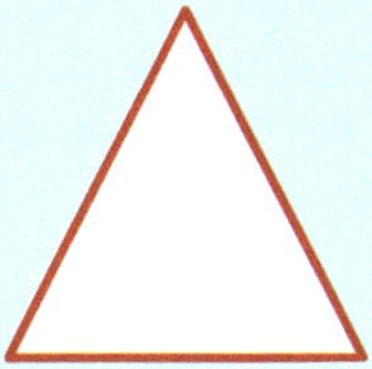		
Das neue Symbol für Gefahr ist jetzt analog zum typischen Warnschild mit der Spitze nach oben	**Akute Gefahr mit „!" bzw. Kennzeichnung des Gefahrenschwerpunkts am Beispiel ABC-Gefahr**	**Handelt es sich um eine Vermutung, wird das Symbol mit „?" ergänzt**

Wie auch schon an anderer Stelle erwähnt, werden vermutete Gefahren mit einem Fragezeichen ergänzt.

Tabelle 70: Beispiele im Bereich ABC-Abwehr

Gefahr durch Radioaktivität	**Gefahr durch Biostoffe**	**Gefahr durch chemische Stoffe**

Die Empfehlungen lassen ausdrücklich die Wahl zwischen dem jeweiligen Zeichen und dem Buchstaben ABC, so dass auch bei einem manuellen Zeichen schnell die jeweilige Gefahr benannt werden kann. Auch bei Gefahren sind Zusatzangaben erlaubt und sinnvoll.

Wenn bekannt ist, dass es sich um Salzsäure handelt, sollte dies auch erwähnt werden und nicht nur die C-Gefahr angegeben werden. Um die Gefahren richtig interpretieren zu können, sind immer ergänzende Angaben hilfreich. Dies kann zum einen die genaue Spezifikation des Gefahrstoffs sein (z.B. HCl 30%ig) oder die Menge (5.000 l Hydrauliköl).

2.8.1 Intensitäten

Bei der räumlichen Schadensdarstellung, also z.B. bei überschwemmten Gebieten, vom Brand betroffenen Gebäuden oder mit Schadstoffen beaufschlagten Gebieten, ist die räumliche Ausdehnung des Schadens kenntlich zu machen. Durch Wiederholung eines Zeichens kann z.B. die Intensität dargestellt werden. Zwei Wasserwellen bedeuten mehr Wasser als eine Welle. Zwei stilisierte Flammen bedeuten mehr Feuer als eine Flamme usw.

Im Kontext der Schadendarstellung gab es in den bisherigen Empfehlungen schon die Systematik, durch Wiederholung eines Zeichens die Intensität darzustellen. Die rechte Spalte in Tabelle 71 zeigt dies am Beispiel der Darstellung von Brandintensitäten. Zur genauen Differenzierung der Zeichen kommen wir noch im weiteren Verlauf des Textes.

Neu ist, dass dies jetzt auch für andere Bereiche gilt. So kann durch Wiederholung der Wasserwelle ebenfalls eine Verstärkung dargestellt werden. Gleiches gilt auch für den Bereich Löschmittel oder die Anwendung beim Wetter. Für die Darstellung der Löschmittel wurden die Zeichen in Tabelle 26 eingeführt. Während Wasser und Schaummittel eindeutig sind, so können gasförmige Sonderlöschmittel sowohl CO_2, als auch Stickstoff etc. sein. In den Bereich der festen Löschmittel fallen Pulver, Sand oder Vermiculit. Bei der Kennzeichnung von gasförmigen Sonderlöschmitteln geht es nicht darum, jeden CO_2-Feuerlöscher auf einem Fahrzeug darzustellen.

Tabelle 71: Darstellung von Intensitäten durch Wiederholung

Typische Anwendungsfälle sind zum Beispiel Sonderlöschmittelfahrzeuge oder Abrollbehälter mit Sonderlöschmitteln.

Mit der Wiederholung der Zeichen sind keine absoluten Zahlen verbunden. Es geht um die Darstellung von Größenordnungen.

Die Intensität eines Schadensbildes ist nicht gleichzusetzen bzw. zu verwechseln mit den Zeichen in Tabelle 73 für die Darstellung von Ausfällen oder Auslastungen. Die Zeichen in der Tabelle beziehen sich immer auf 100 % und können in unterschiedlichen Kontexten eingesetzt werden. So kann die

Tabelle 72: Beispiele für die Anwendung im Bereich Löschmittel

AB-Schaum	Pulverlöschfahrzeug als taktische Einheit	GTLF	Maßnahme Schaum/Pulver
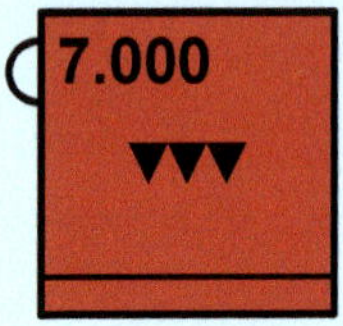	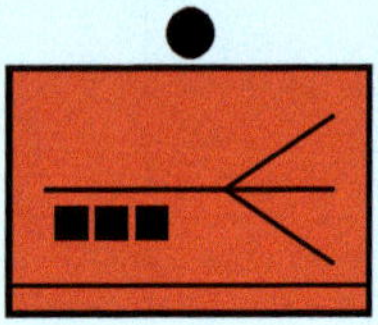	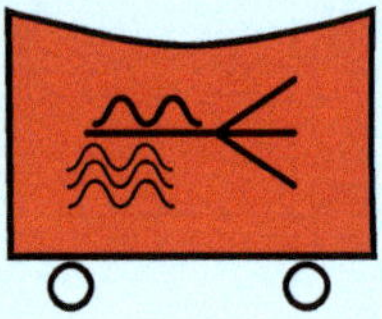	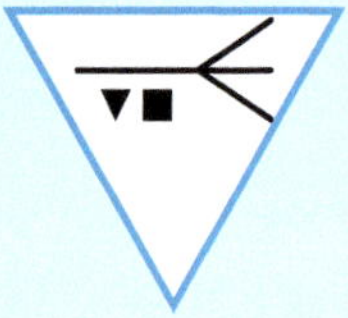

Auslastung eines Krankenhauses dargestellt werden oder der Grad der Betroffenheit bei einem Stromausfall. So bedeutet das Zeichen 2, dass von der maximal verfügbaren Kapazität bereits die Hälfte verbraucht ist.

Tabelle 73: Ausfall und Aktivität

2.8.2 Gebäudeschäden

Auch die Gebäudeschäden lassen sich in drei Stufen klassifizieren. Wichtig ist dabei eine Abgrenzung der verschiedenen Stufen.

Tabelle 74: Klassifizierung von Gebäudeschäden

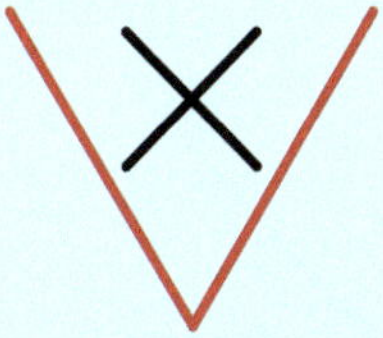		Ein angeschlagenes Gebäude hat leichte Schäden, ist jedoch in sich stabil und nicht einsturzgefährdet.
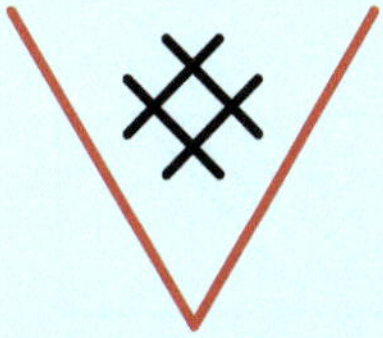		Sobald der Gebäudeschaden das sichere Betreten des Gebäudes nicht mehr ermöglicht, spricht man von einem teilzerstörten Gebäude. Ein teilzerstörtes Gebäude kann jedoch in der Regel wieder instandgesetzt werden.
		Ein total zerstörtes Gebäude kann nicht betreten werden. Es wird abgerissen bzw. ist durch die Zerstörung schon am Boden.

■ Darstellung von Schadensbildern

Um Schäden an einem Bauwerk differenziert darstellen zu können, wurden zu Kriegszeiten Symboliken entwickelt, welche seit Jahren gleich sind, und vor allem vom THW genutzt wurden. Diese wurden nun in die neuen Empfehlungen wieder mit aufgenommen. Im Zusammenhang mit Erdbeben oder Explosionen können die verschiedenen Trümmersituationen mit den Zeichen in Tabelle 75 dargestellt werden. Die Tabelle zeigt aus Platzgründen nur einige Beispiele. Der vollständige Symbolsatz kann in den Empfehlungen nachgelesen werden.

Tabelle 75: Beispiele für Bauwerksschäden

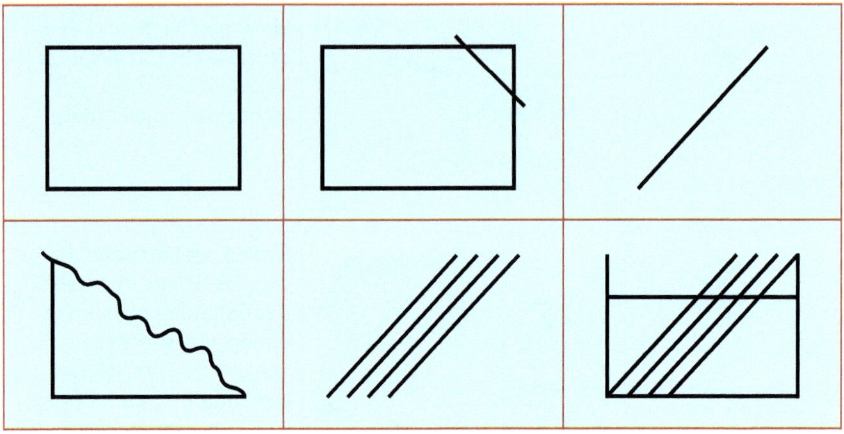

Zur Beurteilung von Gebäuden können auch die Zeichen aus Tabelle 76 verwendet werden. Diese dienen zur genaueren Spezifikation und werden selten in der Erstphase eingesetzt. Sie machen aber deutlich, wie detailliert taktische Zeichen sein können, und zeigen den sinnvollen Einsatz bei der Darstellung von Details.

Tabelle 76: Beispiele Gebäudeeigenschaften

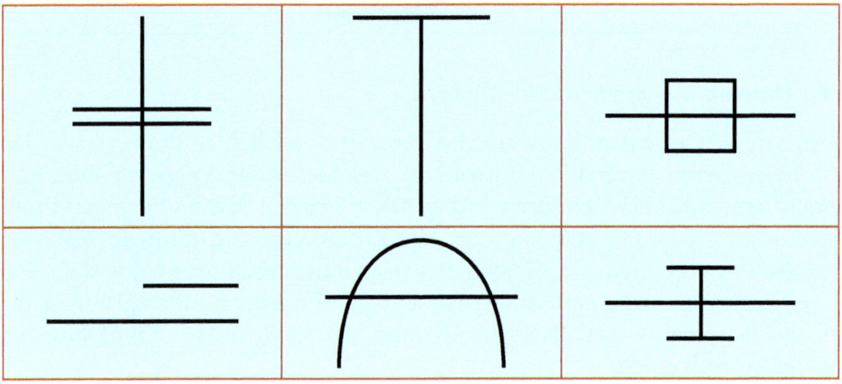

2.8.3 Brand

Auch bei der Brandausbreitung unterscheidet man drei Intensitätsstufen. Die drei Stufen lassen sich nicht exakt abgrenzen, da die Übergänge fließend sind. Um jedoch einen Eindruck davon zu bekommen, was sich hinter den verschiedenen Stufen verbirgt, hier einige Beispiele aus der Praxis in Tabelle 77.

Tabelle 77: Ausprägung bei Bränden

Symbolbild	Taktisches Zeichen	Bedeutung
		Das Zeichen weist auf eine Brandgefahr hin. Die Stufe I bei einem Brand ist Rauch.
		Die Stufe II bei einem Brand ist ein entwickelter Brand bis hin zum Vollbrand.
		Die dritte Stufe bei Bränden ist der Vollbrand.

Bei der Kennzeichnung eines Flächenbrandes wird die betroffene Fläche auf der Karte markiert und das Symbol innerhalb der Karte gezeichnet.

Durch die zunehmende Bedeutung von Vegetationsbränden sind auch hier neue Zeichen in die Empfehlungen aufgenommen worden. Sie setzen sich aus bereits bekannten Elementen zusammen und dienen als Best-Practice-

Beispiele. Es handelt sich um Gefahren, symbolisiert durch das Dreieck, die jeweilige Intensität des Brandes, symbolisiert durch die Anzahl der Flammen, sowie einen Strich zur Erläuterung von Richtung und Lage. Das Erdfeuer, oben rechts in Tabelle 78, befindet sich z.B. unter der Erde (dem Strich). Der Brand, der sich hangaufwärts ausbreitet, wird durch einen Richtungspfeil näher spezifiziert.

Tabelle 78: Symbole im Bereich Vegetationsbrand

		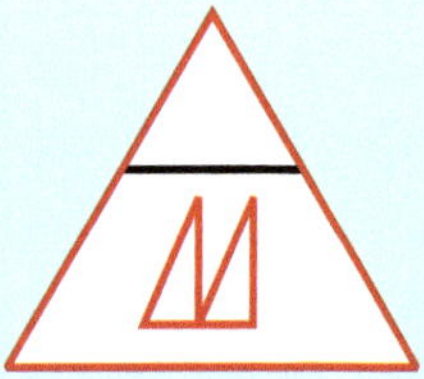
Spotfeuer	**Bodenfeuer**	**Erdfeuer**
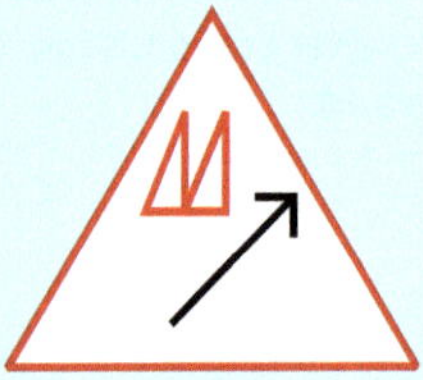	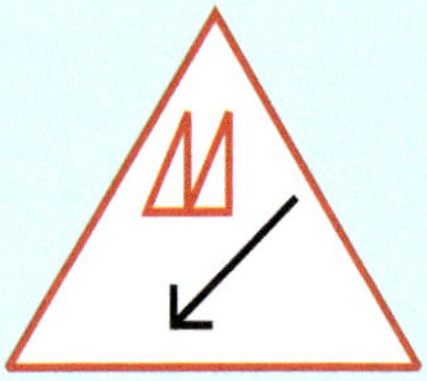	
Brandereignis, bergauf	**Brandereignis, bergab**	**Wipfelfeuer**

Eine spezielle Gefahr im Rahmen von Vegetationsbränden sind mit Kampfmitteln belastete Flächen. Diese werden, wie in der nebenstehenden Grafik dargestellt, gekennzeichnet. Hier verwechselt man leicht die Zeichen Kampfmittel und Sprengen. Beides sind zwar Explosivstoffe, haben aber eine unterschiedliche Bedeutung. Sprengen ist die geplante Umsetzung von Explosivstoffen, während das Zeichen für Kampfmittel für Munition, USBV etc. verwendet wird.

Gefahr durch Kampfmittel

Ein weiteres Zeichen, welches neu eingeführt wurde, ist das Symbol für Schutz. Es kann zum Beispiel genutzt werden, um Sicherheitszonen, Schutzräume oder sogenannte „Leuchttürme“ zu kennzeichnen.

Tabelle 79: Symbol für Sicherheit und Schutz mit zwei Anwendungsbeispielen

		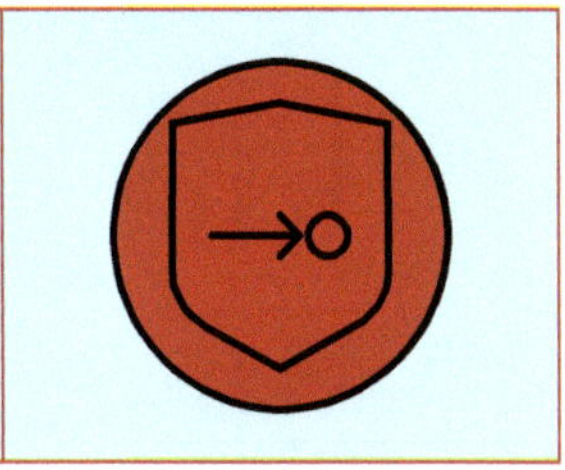

2.8.4 Deichverteidigung

Auch wenn es in den meisten Städten in Deutschland keine Deiche gibt, so ist das Thema Deichverteidigung trotzdem wichtig und findet sich daher auch in einer eigenen Symbolik wieder. Tabelle 79 zeigt nur drei Symbole, die auch im Kontext Hochwasser an Flüssen zum Tragen kommen können und daher für eine größere Anzahl an Kräften Relevanz haben.

Tabelle 80: Auszug aus dem Bereich Deichverteidigung

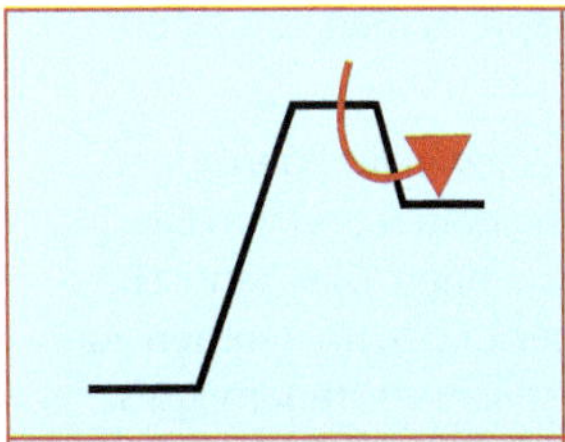	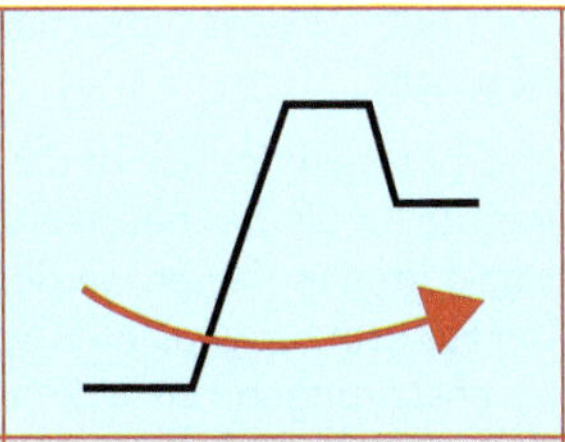	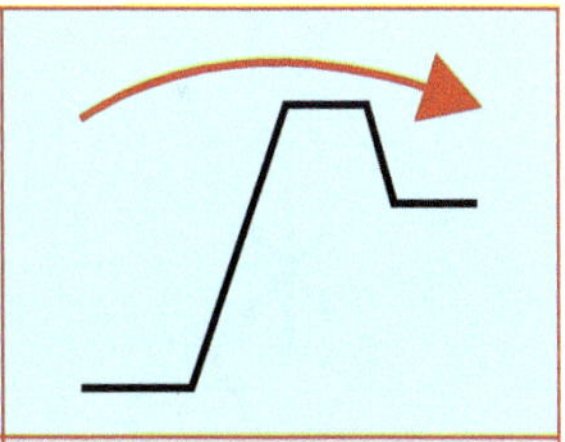
Böschungsabrutschung	**Unterspülung**	**Überspülung**

2.8.5 Zustand von Verkehrswegen

Verkehrswege sind ein wichtiger Baustein bei der Gefahrenabwehr. Sie bestimmen über die Zugänglichkeit zum Schadensgebiet und sind relevant für den Abtransport von Patienten und zur Zuführung weiterer Kräfte.

Ein genauer Überblick über den Zustand der Verkehrswege ist daher essenziell für die Bewältigung von, vor allem großen, Schadenslagen. Daher empfiehlt sich auch hier die Beibehaltung der dreistufigen Unterscheidung.

Tabelle 81: Zustand von Verkehrswegen

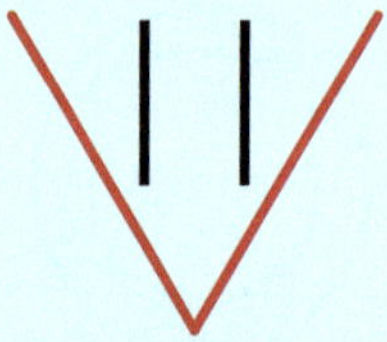	**Schwierig befahrbar** bedeutet, dass die Straße grundsätzlich befahrbar ist, in der Regel aber nicht mit der zulässigen Höchstgeschwindigkeit. Schwierig befahrbar ist eine Straße, auf der z.B. Äste liegen, oder die von Wasser überflutet ist, oder ein Feldweg, der durch Regen durchnässt ist. Fahrzeuge mit Straßenantrieb können beim Befahren Schwierigkeiten bekommen.
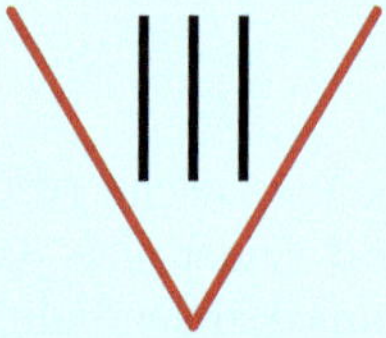	Eine **Teilblockade** liegt vor, wenn die Straße nur mit geländefähigen Fahrzeugen passiert werden kann oder wenn Hindernisse erst entfernt werden müssen. Typische Beispiele sind Bäume auf der Straße, die erst entfernt werden müssen, bevor man weiterfahren kann.
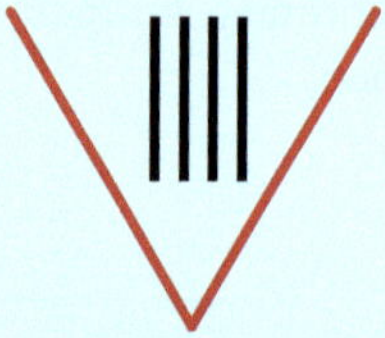	Einsturz einer Brücke, unterspülte Straße, großer Baum auf der Straße, dessen Entfernung längere Zeit in Anspruch nimmt und den Einsatz von technischem Gerät erforderlich macht, oder eine Unterführung, die komplett unter Wasser steht. Hier spricht man von einer **Blockade**.
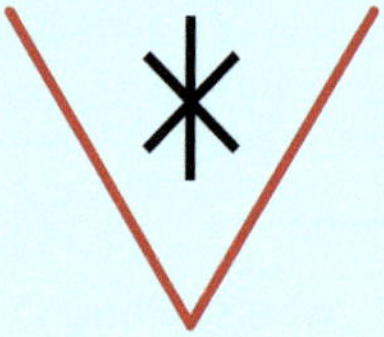	Neu hinzugekommen ist das Zeichen für Sperrungen, welche für die Zivilbevölkerung gelten und von Einsatzkräften umfahren werden können. Dies kann z.B. der Fall sein bei geplanten Sperrungen im Rahmen von Veranstaltungen, um Verkehrsflüsse zu steuern, ggfs. auch zusammen mit dem Symbol für Einbahnstraßenregelung aus Tabelle 82.

In einigen Lagen, vor allem bei vorgeplanten Lagen wie Veranstaltungen, werden Einbahnstraßenregelungen eingerichtet, um den Verkehrsfluss zu optimieren oder Straßen werden für den öffentlichen Verkehr gesperrt. Dazu dienen die Zeichen in Tabelle 82.

Tabelle 82: Zustand von Verkehrswegen

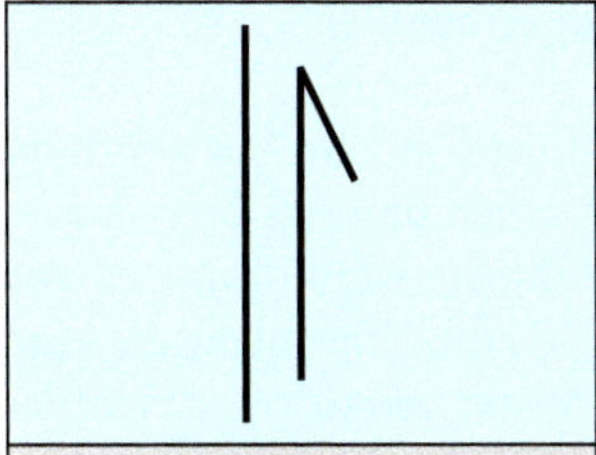	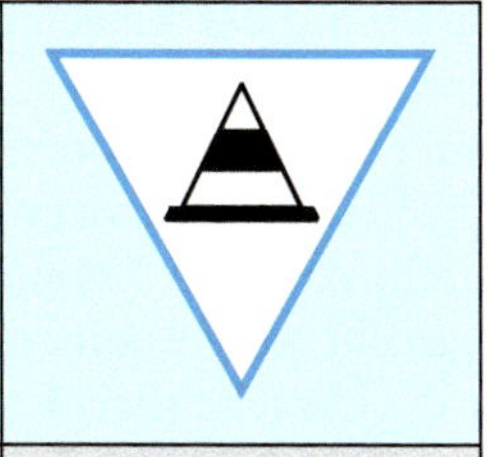
Einbahnstraßenregelung	**Sperrung des Verkehrs als Maßnahme**

Wie mehrfach erwähnt sind taktische Zeichen eine Sprache, die manchmal auch gleiche Dinge unterschiedlich ausdrücken kann. Ein Beispiel für solche unterschiedlichen Ausführungen ist die alternative Darstellung einer Sperrung als Maßnahme mit dem Symbol für Absperren, in Abbildung 23 darge-

Abbildung 23: Anwendungsbeispiele bei Sperrungen von Verkehrswegen

stellt als Variante a). Variante b) zeigt die Sperrung der Nebenstraßen mit dem Zeichen für gesperrt, direkt auf der Karte aufgetragen[1].

Ein weiterer Punkt, der immer zu Diskussionen führt, ist die Verwendung der „richtigen“ Zeichen, z.B. bei der Zerstörung einer Brücke, hier dargestellt als Variante d). Dadurch, dass die Brücke defekt ist, kommt es zur Blockierung der Straße, dargestellt als Variante c). Es gibt hier nicht die eine richtige Lösung. Das eine ist die Ursache (Brücke defekt, zerstört), das andere ist die Folge (Straße blockiert). Im Ergebnis kommen weder Fahrzeuge der BOS noch Zivilisten über die Brücke, egal was gezeichnet ist. Natürlich kann man beides zeichnen, wie hier im Beispiel. In einigen Fällen macht das die Karte jedoch unübersichtlich. Hier muss der Lagekartenführer überlegen, was in der jeweiligen Lage die beste Lösung ist. In der Regel wird dies die Zerstörung der Brücke sein, da dies der relevante Punkt ist und sich daraus die vollständige Sperrung ableiten lässt.

2.8.6 Personenschäden

Auch geschädigte Personen, also Patienten, werden durch eine auf der Spitze stehende Raute dargestellt. Um Verwechslungen mit Einsatzkräften der Hilfsorganisationen zu vermeiden, werden diese grau dargestellt oder mit dem Zusatz ZIV gekennzeichnet. Dies kennzeichnet sie eindeutig als vom Einsatz betroffene bzw. geschädigte Person. Eine verletzte oder erkrankte Person wird mit einem senkrechten Strich gekennzeichnet.

Merkhilfe: Der Strich stellt einen Kratzer an der Person dar. Sie ist also verletzt.

Typisches Einsatzbeispiel ist die Darstellung von Patienten in sämtlichen Schadenslagen. Verletzte Einsatzkräfte werden ebenfalls so dargestellt und um die jeweilige Farbe ergänzt. Die Bedeutung der verschiedenen Farben wurde bereits im Kapitel 2.1.1 erläutert.

[1] Zur Frage „Besser direkt auf Karte auftragen oder mit Pfeilen die Position markieren?“, siehe das Buch Lagefeststellung – Lagedarstellung, ebenfalls erschienen im ecomed-Verlag.

Tabelle 83: Beispiele von Personen und deren verschiedenen Zuständen

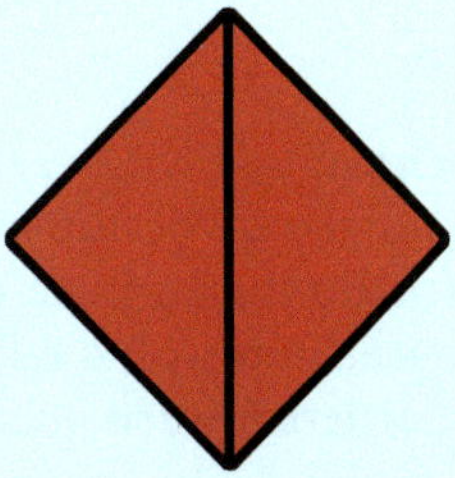		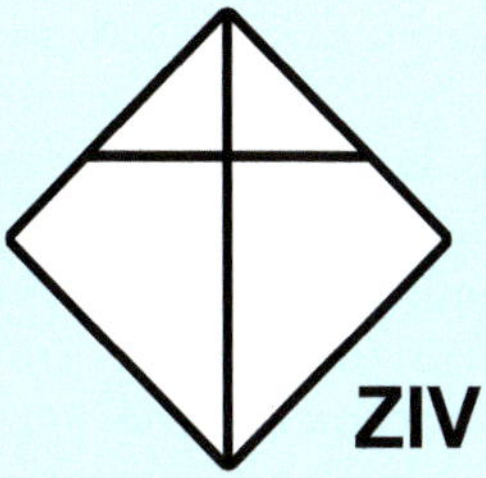
Verletzte Einsatzkraft der Feuerwehr	**Verletzte Person, zivil**	**Toter Zivilist**
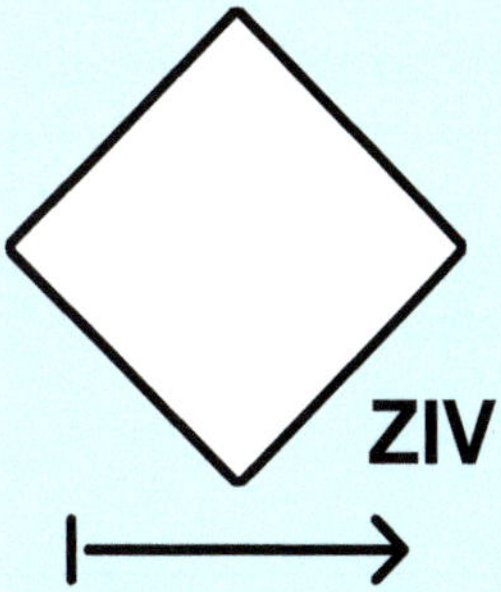	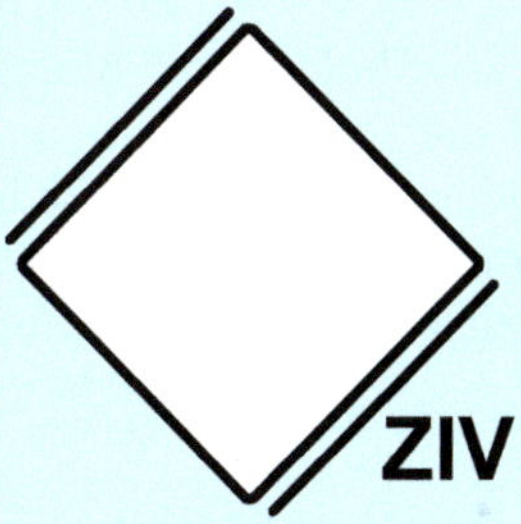	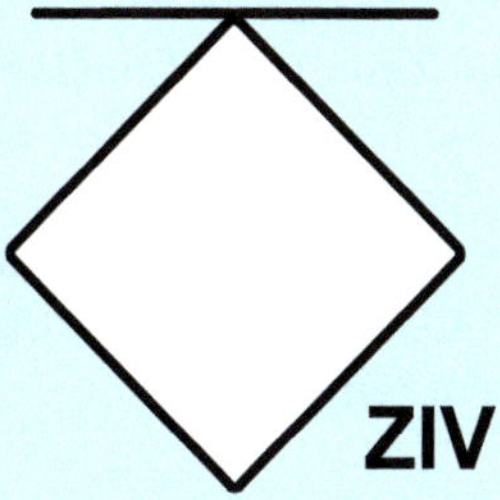
Zu transportierende zivile Person, unverletzt	**Vermisster Zivilist**	**Person in Zwangslage**

Tote Personen werden durch ein Kreuz gekennzeichnet. Wichtig bei der Darstellung ist das sorgfältige Zeichnen des Zeichens. Der obere Querstrich wird im oberen Drittel angebracht. Ein waagerechter Strich in der Mitte des Zeichens kann leicht zu Verwechslungen mit Einsatzkräften der Hilfsorganisation führen, wenn die Zeichen manuell und nur schwarz-weiß gezeichnet werden. Hier ist der Zusatz zur Organisation hilfreich.

Das Zeichen für zu transportierende Personen wird häufig falsch dargestellt, indem eine unverletzte Person gezeichnet wird. Dies ist jedoch nur dann richtig, wenn z.B. im Rahmen einer Räumungs- oder Evakuierungslage auch tatsächlich unverletzte Personen transportiert werden. In den meisten Fällen bezieht sich der Transport auf verletzte Personen.

Ein weiterer häufiger Fehler ist, dass lediglich ein Richtungspfeil verwendet wird. Da es sich jedoch um eine gerichtete Bewegung von einem bestimmten Punkt handelt, ist dies durch einen kleinen Querstrich am linken Ende des Pfeils zu kennzeichnen. Dies ist wichtig für die Unterscheidung, ob die Person schon am Ziel[1] angekommen ist oder noch transportiert werden muss.

Eine Neuerung, die mit den Empfehlungen 2024 eingeführt wurde, ist die Variante, dass man bestimmte Merkmale über das Zeichen hinauszeichnet. Damit soll zum Ausdruck gebracht werden, dass eine Betroffenheit vorliegt.

Die Zeile 1 der Tabelle 84 zeigt links eine Einsatzkraft der Feuerwehr, die im ABC-Bereich tätig ist und die Fähigkeit hat, zu dekontaminieren. Auf der rechten Seite ist es ein Zivilist, welcher den Bedarf hat, dekontaminiert zu werden, da er z.B. kontaminiert ist. Zeile zwei zeigt eine Einsatzkraft des MHD, welche die Fähigkeit hat zu betreuen, und einen Zivilisten, der betreut wird.

Tabelle 84: Übersicht von verschiedenen Personen

Person, die dekontaminiert	**Person, die dekontaminiert werden muss**

[1] Typische Ziele sind Krankenhaus, Sammelplatz, Notunterkunft

Tabelle 84: Übersicht von verschiedenen Personen *(Forts.)*

Person, die betreut	**Person mit Betreuungsbedarf**
	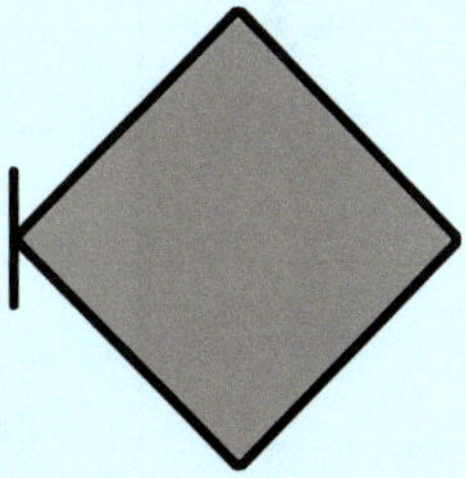
Pflegende Person	**Person mit Pflegebdarf**

Gleiches Prinzip gilt für die letzte Zeile. Eine Person, die pflegen kann, und eine Person, die Pflegebedarf hat.

Merke: Eine Fähigkeit ist eine „innere" Eigenschaft und daher im Zeichen. Ein Bedarf muss von außen kommen und ist daher „außerhalb" des Zeichens gezeichnet.

2.9 Einsatzräume und Grenzen

Das Thema Führungslinien hatten wir bereits oben im Bereich der Farben angesprochen. Um die verschiedenen Einsatzräume auf einer Karte abgrenzen zu können, werden Linien verwendet. Diese werden ergänzt mit dem

Zeichen der Größenordnung aus Abschnitt 2.1.3 „Größenordnungen“ oder mit einer textlichen Zusatzangabe wie z.B. in Abbildung 26.

Führungslinien, wie z.B. Einsatzabschnittsgrenzen, werden in der Regel direkt auf der Lagekarte gezeichnet und in überschaubaren Abständen mit den Abschnittsbezeichnungen ergänzt. Bei angrenzenden Abschnitten ist die Bezeichnung neben der Führungslinie anzubringen, um eine eindeutige Zuordnung zu gewährleisten.

Tabelle 85: Übersicht verschiedener Linien

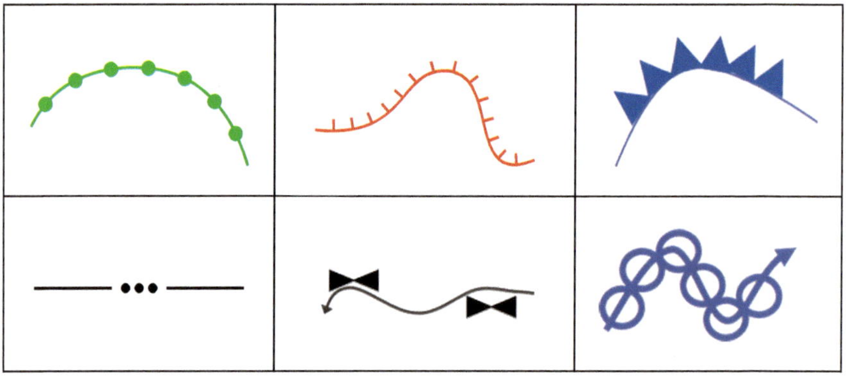

Die Tabelle 85 zeigt von oben links nach unten rechts die Linie zur Markierung eines Fluchtwegs, die Ausbreitungslinie einer Feuerfront, die Verteidigungslinie, die Grenze eines Einsatzabschnitts, die Flugroute eines Hubschraubers und die Abwurflinie eines Helikopters. Entscheidend für die Unterscheidung sind die Formen der Linien, da diese auch in monochromer Zeichnung erkannt werden müssen. Die Farben Grün für Sicherheit, Rot für Gefahr und Blau für Maßnahmen dienen nur der besseren Erkennbarkeit, sind aber nicht notwendig.

Abbildung 24: Einsatzräume und Führungslinien

Für die Bezeichnung von Abschnitten oder Bereichen können sowohl Buchstaben als auch Zahlen verwendet werden. Abbildung 24 zeigt die Darstellung der Einsatzabschnitte verschiedener Züge [1], den geplanten Flugweg zur Befliegung um 08:25 Uhr am 27. Februar durch das Flugzeug D-EBAK als gestrichelte Linie [2]. Einen geplanten Einsatzabschnitt [3], die Feuerfront [4] sowie den Flugweg eines Hubschraubers für den Abwurf von Löschwasser [5].

Abbildung 25: Unterscheiden eigener Maßnahmen (blau) und fremder Maßnahmen (schwarz) mit Hilfe von Farben

In Abbildung 25 sieht man, wie sich die gleiche Lage für den Fachberater Luft darstellt. Alle Linien sind in Schwarz dargestellt. Nur der Flugweg des eigenen Hubschraubers ist in Blau gezeichnet.

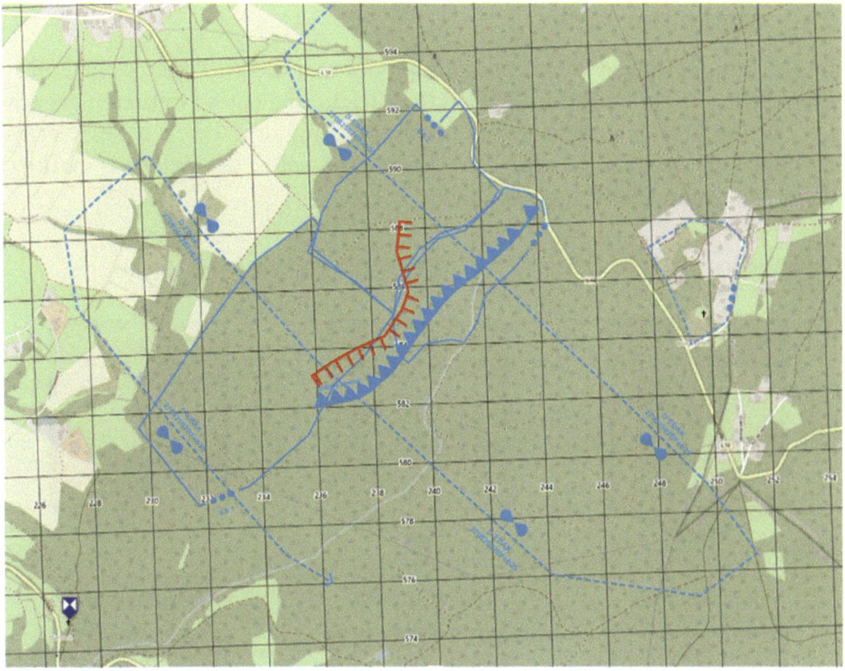

Abbildung 26: Gleiche Lage wie in der Abbildung vorher, nur mit anderer Kartengrundlage

Abbildung 26 zeigt die gleiche Lage, nur mit einer anderen Kartengrundlage. Hier sieht man, wie sich der Hintergrund positiv auf die Erkennbarkeit auswirkt, gleichzeitig die räumliche Zuordnung aber nicht so einfach ist wie auf dem Satellitenbild. Solche Darstellungen mit schnellem Umschalten der Hintergründe sind vor allem in Softwarelösungen leichter zu realisieren.

2.10 Markanter Punkt

In den Empfehlungen wurde das Symbol des markanten Punktes eingeführt. Ein solcher Punkt kann für die exakte Bezeichnung eines konkreten geografischen Punktes genutzt werden. In Abgrenzung zum Zeichen des Platzes, der Stelle geht es hier um eine Koordinate. Die Spitze des Zeichens markiert dabei die genaue Stelle auf der Karte.

Tabelle 86: Anwendung des Zeichens für einen markanten Punkt

	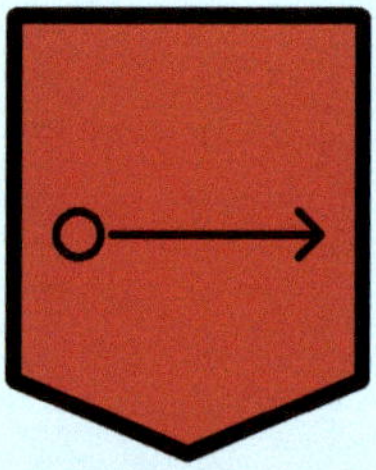	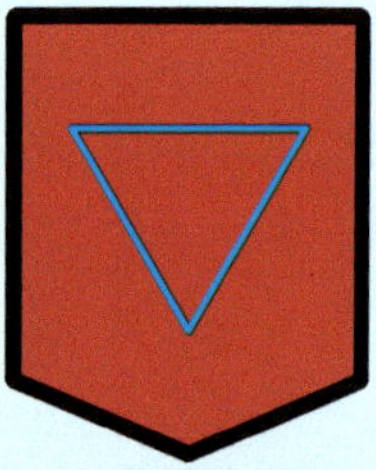
Messpunkt	**Ablaufpunkt**	**Triggerpunkt**
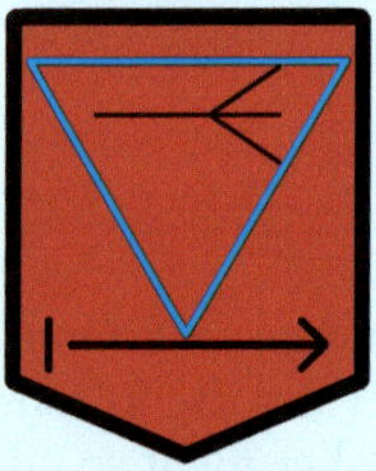	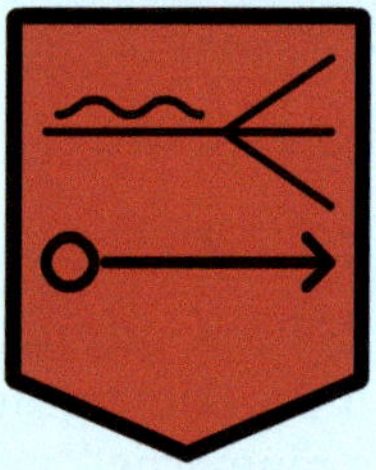	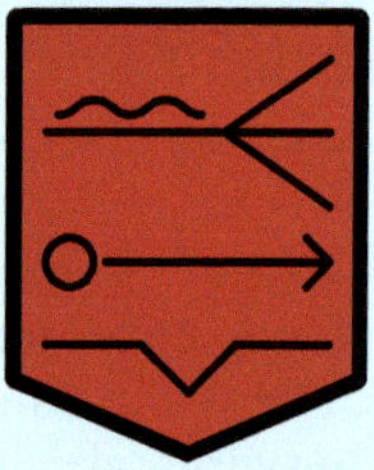
Ankerpunkt	**Löschwasserentnahme-stelle**	**Löschwasserentnahme-stelle für Luftfahrzeuge**

2.11 Selbstkontrolle und Testfragen

(Lösungen siehe Seite 132)

1. Zeichnen Sie ein Feuerlöschboot!

2. Welche Gefahr wird hier dargestellt?

3. In welchen Fragen kann Ihnen der Fachberater helfen?

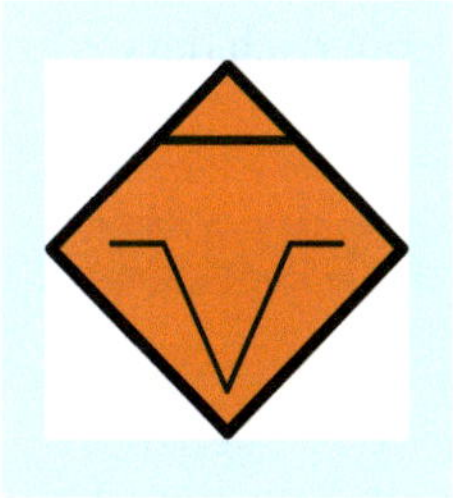

3 Anwendung und Gebrauch taktischer Zeichen

Taktische Zeichen dienen der Veranschaulichung und können im Rahmen der Einsatzvorbereitung in Konzepten genauso genutzt werden wie im Einsatz oder bei der Anfertigung von Berichten.

3.1 Grundsätze bei taktischen Zeichen

Taktische Zeichen dienen im Einsatz immer der Visualisierung der aktuellen Lage und der Prognose des voraussichtlichen Verlaufs. Sie sollen dabei helfen, Zusammenhänge zu verstehen und Entscheidungen zu treffen. Sie unterstützen dabei Einsatzkräfte in die Lage einzuweisen und verhindern Missverständnisse durch ihre Eindeutigkeit.

Jede Darstellung muss daher eindeutig und übersichtlich sein. Es soll nur das Relevante dargestellt werden und nicht alles, was sich zeichnerisch darstellen lässt.

Merke: Eine gute Lagedarstellung kennzeichnet sich aus durch die Reduktion auf das Wesentliche.

Taktische Zeichen werden auf allen Führungsebenen und in allen Führungsstufen eingesetzt. Je nach Führungsebene unterscheidet sich der Detaillierungsgrad der Darstellung. Sie sollen immer das Wesentliche darstellen.

3.2 Kurzzeichen

Vor allem bei kleinräumigen Darstellungen, die nur der eigenen Übersicht und Planung dienen, können Kurzzeichen eingesetzt werden. Dies erleichtert die Arbeit, da diese schneller zu zeichnen sind und vor allem kleine Karten übersichtlich halten. Nachteilig wirken sich mögliche Verwechselungen aus. Solche Kurzformen eignen sich daher nur für die Darstellung innerhalb der eigenen Einheit, wenn Verwechslungen ausgeschlossen sind und für Notizen, beispielsweise bei der Darstellung auf einem taktischen Arbeitsblatt auf Ebene des Zugführers.

Tabelle 87: Beispiele für Kurzzeichen

LF 8/6 mit Gruppe	Patiententransportzug	Rettungswagen
●● LF 8-6	●●● PTZ-WAF	● 1–RTW 1

3.3 Verortung

Um die eigentliche Kartengrundlage nicht zu überlagern, haben sich Kombinationen aus Dreiecken und Kreisen bewährt, welche farblich und numerisch zusammengehören. Die Spitze des Dreiecks markiert den genauen Punkt oder räumlichen Bereich, während die eigentlichen Informationen am Rand der Karte angeordnet sind und mit dem Kreis zugeordnet werden. Abbildung 27 zeigt ein Beispiel.

Die Pfeile kennzeichnen den genauen Punkt auf der Karte. Die Kreise dienen der Zuordnung von Schadens- oder Abschnittskonten. Die Zuordnung erfolgt über die Farbe und die Nummer oder den Buchstaben.

Die Farbe kann ebenfalls genutzt werden, um Zusammenhänge darzustellen. Beispielsweise rote Zeichen für Feuerwehr, blaue für THW. Eine andere Variante ist es, Stellen, an denen eigene Kräfte tätig werden, mit einer Farbe zu kennzeichnen und Stellen, an denen externe Kräfte tätig sind, mit einer anderen Farbe. Es gibt dazu keine eindeutige Regelung.

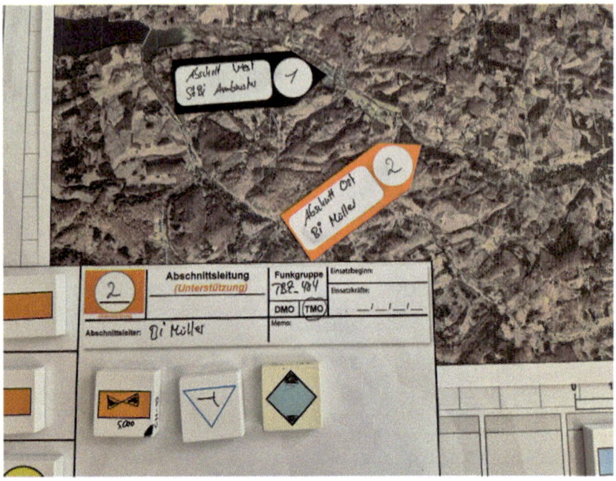

Abbildung 27:
Zuordnung von Schadens-konten über Nummern

Eine andere Lösung ist die Verwendung von einstellbaren Seilspinnen. Diese können individuell angepasst werden und dienen ebenfalls der Zuordnung. Durch das Seil ist die Zuordnung etwas leichter und man muss nicht am Rande der Karte suchen.

Der genaue Standort ist der unterste Punkt eines taktischen Zeichens. Bei einer Gefahr ist es z.B. die obere Spitze. Die Genauigkeit der Verortung hängt

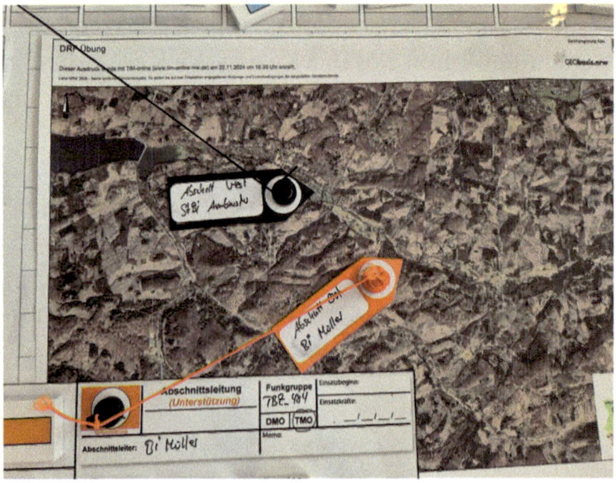

Abbildung 28:
Einsatz von Seilspinnen

ab von der jeweiligen Führungsebene bzw. -stufe. Während in den Führungsstufen A und B eine genaue Verortung notwendig und sinnvoll ist, reicht auf den Führungsstufen C und D oft eine ungefähre Zuordnung von Schadenskonten zu räumlichen Bereichen. Dies kann dann mit Seilspinnen erfolgen oder über Zuordnung mittels Hilfszeichen, wie vorher bereits erläutert.

Ist die unterste Stelle kein Punkt, gilt die Mitte der untersten Linie als Punkt für die Zuordnung. Alternativ bzw. zur eindeutigeren Darstellung kann der Ort auch durch einen Strich (Referenzlinie) dargestellt werden, welcher das taktische Zeichen mit dem exakten Standort verbindet. Dabei ist darauf zu achten, dass solche Verbindungsstriche so abgewinkelt werden, dass sie eine Kantenlinie des Zeichens nicht verlängern.

Bei Führungsstellen erfolgt die Verortung durch den Fußpunkt des Flaggenstocks. Bei Platzmangel wird ein Winkelstrich (Referenzlinie) angefügt. Die Abbildung 29 zeigt die Anwendung anhand von Beispielen.

Tabelle 88: Verortung von taktischen Zeichen

Anwendung	Erläuterung
 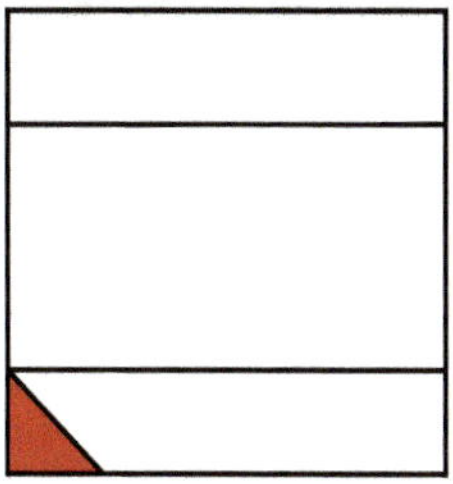	Bei der Nutzung von vorgefertigten Zeichen empfiehlt es sich, eine Ecke farblich zu markieren, um die eindeutige Zuordnung darzustellen. Die Farbe der Kennzeichnung ist nicht festgelegt.

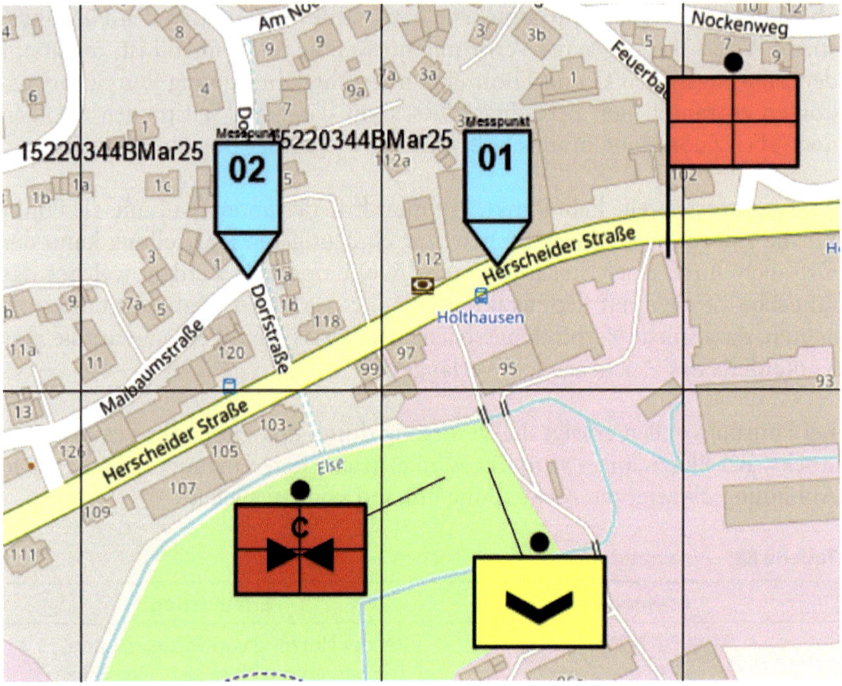

Abbildung 29: Beispiele für die Verortung von taktischen Zeichen

3.4 Ausprägung taktischer Zeichen

Durch die fehlende Verbindlichkeit und das grundsätzliche „offene System" findet man mittlerweile zahlreiche Ausprägungen von taktischen Zeichen. Jede Variante hat dabei Vor- und Nachteile. Technisch werden für die vorgefertigten Zeichen häufig Magnetplättchen mit der entsprechenden Bedruckung verwendet oder Magnetprofile mit eingeschobenen Papierstücken.

Tabelle 89: Ausprägung von taktischen Zeichen *(Forts.)*

Art des Zeichens	Beispiel	Vorteile	Nachteile
Manuell gezeichnet. Drei Verletzte der Sichtungskategorie 3 zum Krankenhaus 6 transportiert.	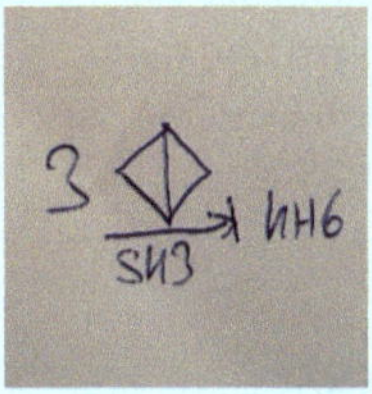	Das Zeichen kann individuell erstellt werden und bedarf keiner Vorhaltung.	Es ist zeitlich aufwendiger in der Herstellung und kann nicht einfach verschoben werden. Auch Änderungen führen häufig zur Unübersichtlichkeit. Je nach Untergrund kann es nicht optimal gezeichnet werden.
Vorgefertigte Zeichen mit Grundformen		Es kann sofort eingesetzt werden und lagespezifisch ergänzt werden. Die Zeichen bieten häufig Platz für zusätzliche Angaben, die dann beim Versetzen des Zeichens „mitgenommen" werden.	Man benötigt eine gewisse Menge an vorgefertigten Zeichen, um auf alle Eventualitäten vorbereitet zu sein.
Kombination von Zeichen und Klartext Maßnahme der Erkundung mit einer Flugdrohne		Auch ungeübte Kräfte, die nicht alle taktischen Zeichen kennen, können anhand des Textes das Zeichen deuten.	Das Zeichen wird unübersichtlich und man muss mehr Informationen verarbeiten als nur bei einem Bild. Sie bieten bei gleicher Größe weniger Platz für zusätzliche Informationen.

Tabelle 89: Ausprägung von taktischen Zeichen *(Forts.)*

Art des Zeichens	Beispiel	Vorteile	Nachteile
Vollständiges Zeichen		Das Zeichen ist gut lesbar und enthält alle Angaben und man kann es sofort einsetzen.	Man benötigt eine Vielzahl an Zeichen und muss das benötigte Zeichen erst aus der Menge an Zeichen suchen.

3.5 Selbstkontrolle und Testfragen

(Lösungen siehe Seite 132)

1. Wie werden taktische Zeichen verortet?

2. Nennen Sie 5 Einsatzgrundsätze für taktische Zeichen.

3. Was bedeutet der Begriff Eigenbeweglichkeit bei Fahrzeugen?

4 Anwendungsbeispiele

4.1 Wetter

Die neu eingeführten Symbole für Wetter sind nicht direkt taktische Zeichen. Sie dienen jedoch der Darstellung von Wetter im Kontext der Lagedarstellung. Das Wetter ist ein wichtiges Lagefeld, welches beurteilt werden muss. Vor allem Windrichtung und -stärke, Temperatur und Niederschlag sind häufig relevant für die Beurteilung der Lage. Aber auch der Bedeckungsgrad und die Sichtweite können sich bei ABC-Lagen als wichtig erweisen.

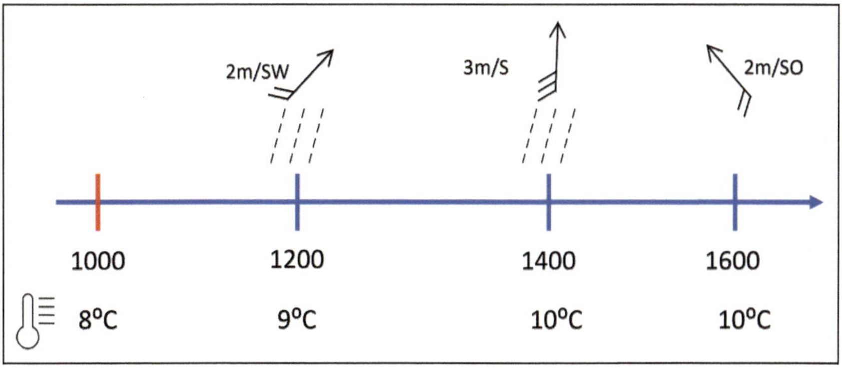

Abbildung 30: Wetter im zeitlichen Verlauf

Beim Wetter ist vor allem die zukünftige Entwicklung wichtig. Zur Darstellung eignet sich daher ein Zeitstrahl, wie in Abbildung 30, der die Prognose enthält.

4.2 Führungsstufe A

Die Abbildung 31 zeigt eine typische Lagedarstellung in der Führungsstufe A auf einer taktischen Taschenkarte.

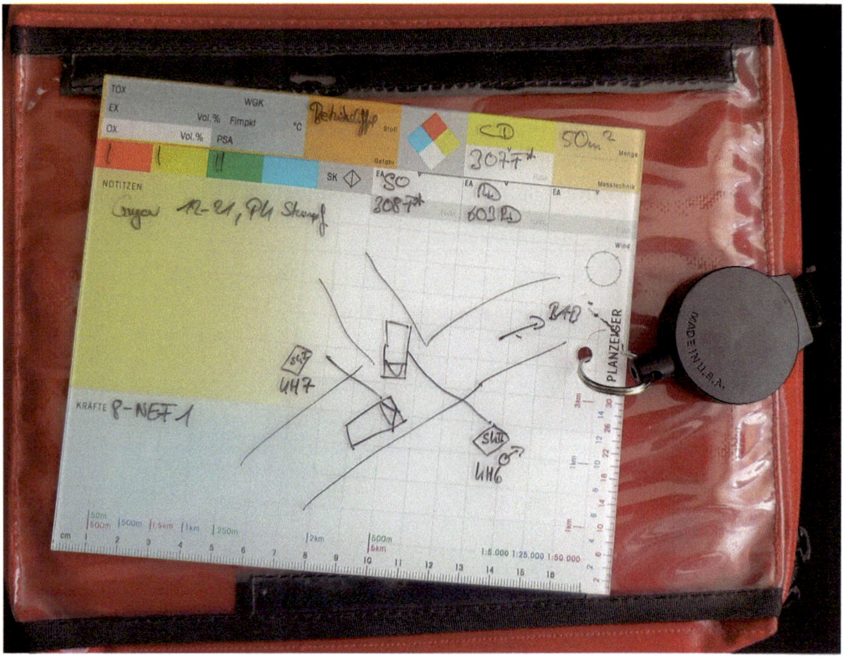

Abbildung 31: Taktische Taschenkarte – Praxisbeispiel

4.3 Führungsstufen B und C

In diesen Führungsstufen erfolgt die Lagedarstellung typischerweise in oder an einem ELW 1 oder 2, wie in Abbildung 32 dargestellt.

Abbildung 32: Beispiel aus dem Bereich der Wasserrettung (Quelle: Manuel Klinnert)

4.4 Führungsstufe D

In der Führungsstäbe D erfolgt die Darstellung für einen rückwärtigen Stab. Hier werden keine einzelnen Fahrzeuge dargestellt, sondern taktische Einheiten.

Die Lagedarstellung umfasst in der Regel mehrere Whiteboards als Tafelanlagen.

Abbildung 33: Ein typischer Stabsraum, wie man ihn vielerorts vorfindet. Ein vorhandener Raum wurde für die Stabsarbeit vorbereitet (Quelle: Bnow Wikipedia)

4.5 Selbstkontrolle und Testfragen

(Lösungen siehe Seite **132**)

1. Was bedeutet Situationsbewusstsein?

2. Zeichnen Sie das HLF 20 aus Musterstadt.

3. Ab welcher Führungsstufe kommen taktische Zeichen zum Einsatz?

4. Welche Grundzeichen gibt es?

5. Wie werden Führungslinien, wie z.B. die Abgrenzung zwischen EA 1 und EA 2, gezeichnet?

5 Abkürzungen

BHP	Behandlungsplatz
EAL	Einsatzabschnittsleitung
LF	Löschfahrzeug
NfS	Notfallsanitäter/in
OPTA	Operativ-taktische Adresse
PTZ	Patiententransportzug
RA	Rettungsassistent/in
RTH	Rettungshubschrauber
RW	Rüstwagen
SER	Standardeinsatzregel
STAN	Stärke- und Ausstattungsnachweisung
StrSchu	Strahlenschutz

6 Literatur- und Quellenverzeichnis

[1] Feustel, H.: Taktische Zeichen – Taktische Kladde – Kriegsgliederung – H.Dv.272 – H. Dv. 272., zuletzt geprüft am 30.10.2011

[2] Ministerium des Inneren (Hg.) (1924): Handbuch für den Kommandeur des Luftschutzes. Kommando des Luftschutzes, Berlin

[3] Obermeier, J. (2004): Taktische Zeichen im Zivilschutz. Hg. v. Interessengemeinschaft für historischen Luft- und Katastrophenschutz (Teil 1, 10)

[4] Kamm, W. (1988): ABC des Einsatzleiters der Feuerwehr. 7., überarb. Aufl. Berlin: Staatsverl. d. DDR

[5] AK V der IMK (1999): Führung und Leitung im Einsatz. Führungssystem. FwDV 100. Stand 1999. Hg. v. AFKzV. AK V der IMK. Stuttgart (Feuerwehr-Dienstvorschrift). Online verfügbar unter https://www.idf.nrw.de/service/downloads/pdf/fwdv100.pdf

[6] Herweg, H. (1986): Taktische Zeichen. Kritische Betrachtung der taktischen Zeichen im Bereich des Katastrophenschutzes und der Polizei. In: DFZ, 1986 (3), 87–93

[7] Franke, S. (1996): Gegenüberstellung der von den Feuerwehren verwendeten und im Katastrophenschutz benutzten taktischen Zeichen. Notwendigkeit einer Überarbeitung und einheitlichen Festlegung. Hausarbeit zur Staatsprüfung für den höheren feuerwehrtechnischen Dienst

[8] Reiter, M. (2000): Die taktischen Zeichen von Feuerwehr und Katastrophenschutz. In: Zeitschrift für Semiotik 22, 2000, S. 405–430

[9] Ständige Konferenz für Katastrophenvorsorge und Bevölkerungsschutz (Hg.) (2012): Empfehlungen für Taktische Zeichen im Bevölkerungsschutz. 2. Aufl.

[10] THW (2011): Taktische Zeichen. THW DV 1-102

[11] Schläfer, H. (1986): Das Taktikschema. Merkblätter zur Feuerwehr-Einsatzlehre. 2. Aufl. Stuttgart, Stuttgart: Verlag W. Kohlhammer; Deutscher Gemeindeverlag

[12] Wagner, F. (1963): Hier ruft die Rettung antwortet! In: ZB 8, 1963, S. 14–19

[13] Bundesministerium der Verteidigung. Taktische Zeichen. ZDv 1-11. DSK FH360100169. Bonn, 1990

[14] Bundesamt für Bevölkerungsschutz und Katastrophenhilfe. Taktische Zeichen im Bevölkerungsschutz. Empfehlungen zur Einführung einer FwDV 102/DV 102. Bonn, 2025

[15] Bundesamt für Bevölkerungsschutz und Katastrophenhilfe. Begleitende Hinweise zur überarbeiteten Auflage der „Taktischen Zeichen im Bevölkerungsschutz – Empfehlungen zur Einführung einer FwDV 102/DV 102“. Bonn, 12. Februar 2024

[16] Bundesamt für Bevölkerungsschutz und Katastrophenhilfe. Taktische Zeichen im Bevölkerungsschutz [online]. Empfehlungen zur Einführung einer FwDV 102/DV 102. 19. Mai 2025 [Zugriff am: 19. Mai 2025]. Verfügbar unter: https://lernplattform-babz-bund.de/ilias.php?baseClass=ilrepositorygui&ref_id=109540

[17] Dachroth, M.: Planungsamt der Bundeswehr, Militärische Symbole. A1-160/0-9200, 2016

Abbildungen und Grafiken ohne Quellenangabe stammen von Dr. Bernhard Horst oder sind gemeinfrei.

Lösungen

Lösungen zu Kapitel 1.4: (1) Der Ursprung liegt im militärischen Bereich. Die Zeichen wurden teilweise an die Bedürfnisse der Gefahrenabwehr angepasst. (2) Entweder auf Basis organisationseigener Vorschriften oder der DV 100. (3) Schauen Sie in die Erläuterungen auf Seite 18f in Abschnitt 1.3.4. Der technische Wert bleibt immer der gleiche, der taktische Wert ergibt sich aus dem jeweiligen Einsatz. (4) Eine Hilfe zur Orientierung an der Einsatzstelle. Schauen Sie nochmal nach auf Seite 15.

Lösungen zu Kapitel 2.11: (1) Schauen Sie auf Seite 90f in Tabelle 63. (2) Gefahr durch Radioaktivität. (3) Es handelt sich um einen Fachberater im Bereich Veterinärwesen.

Lösungen zu Kapitel 3.5: (1) Die Verortung erfolgt über die Mitte des Zeichens, eine eindeutige Linie oder mit Hilfe von Zusatzsymbolen oder Seilspinnen. (2) Die Einsatzgrundsätze finden Sie auf Seite 118. (3) Die Eigenbeweglichkeit gibt Auskunft zur Geländegängigkeit oder auch zur Antriebsart. Sie finden diese auf den Seiten 86f.

Lösungen zu Kapitel 4.5: (1) Um im Einsatz richtig entscheiden zu können, ist Situationsbewusstsein notwendig. Das Situationsbewusstsein wird erheblich durch die Lagedarstellung beeinflusst. „Situationsbewusstsein ist das, was man benötigt, um nicht überrascht zu werden!“. In der Gefahrenabwehr gibt es dafür die Formulierung „… vor die Lage kommen …“. (2) Schauen Sie auf den Seiten 19 und 124. (3) Taktische Zeichen können auf allen Führungsebenen sinnvoll eingesetzt werden. (4) Die Grundzeichen finden Sie auf den Seiten 23 bis 27. (5) Tabelle 85 auf Seite 112 zeigt ein Beispiel, wie Abschnittsgrenzen gezeichnet werden.